essentials

essentials liefern aktuelles Wissen in konzentrierter Form. Die Essenz dessen, worauf es als „State-of-the-Art" in der gegenwärtigen Fachdiskussion oder in der Praxis ankommt. *essentials* informieren schnell, unkompliziert und verständlich

- als Einführung in ein aktuelles Thema aus Ihrem Fachgebiet
- als Einstieg in ein für Sie noch unbekanntes Themenfeld
- als Einblick, um zum Thema mitreden zu können

Die Bücher in elektronischer und gedruckter Form bringen das Expertenwissen von Springer-Fachautoren kompakt zur Darstellung. Sie sind besonders für die Nutzung als eBook auf Tablet-PCs, eBook-Readern und Smartphones geeignet. *essentials:* Wissensbausteine aus den Wirtschafts-, Sozial- und Geisteswissenschaften, aus Technik und Naturwissenschaften sowie aus Medizin, Psychologie und Gesundheitsberufen. Von renommierten Autoren aller Springer-Verlagsmarken.

Weitere Bände in dieser Reihe http://www.springer.com/series/13088

Martin Pieper

Mathematische Optimierung

Eine Einführung in die
kontinuierliche Optimierung
mit Beispielen

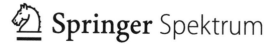

Springer Spektrum

Martin Pieper
Jülich, Deutschland

ISSN 2197-6708   ISSN 2197-6716   (electronic)
essentials
ISBN 978-3-658-16974-9   ISBN 978-3-658-16975-6   (eBook)
DOI 10.1007/978-3-658-16975-6

Die Deutsche Nationalbibliothek verzeichnet diese Publikation in der Deutschen Nationalbibliografie; detaillierte bibliografische Daten sind im Internet über http://dnb.d-nb.de abrufbar.

Springer Spektrum
© Springer Fachmedien Wiesbaden GmbH 2017

Gedruckt auf säurefreiem und chlorfrei gebleichtem Papier

Springer Spektrum ist Teil von Springer Nature
Die eingetragene Gesellschaft ist Springer Fachmedien Wiesbaden GmbH
Die Anschrift der Gesellschaft ist: Abraham-Lincoln-Str. 46, 65189 Wiesbaden, Germany

Was Sie in diesem *essential* finden können

- Anwendungsbeispiele aus der Praxis
- Optimierung mit und ohne Nebenbedingungen
- Optimalitätsbedingungen erster und zweiter Ordnung
- Optimalitätsbedingungen nach Karush, Kuhn und Tucker (KKT-Bedingungen)
- Mehrkriterielle Optimierungsprobleme
- Pareto-optimale Lösungen, Pareto-Menge
- Bestimmung der Pareto-Menge mithilfe der gewichteten Summe

Vorwort

Optimierung ist aktuell ein wichtiges und nachgefragtes Teilgebiet der angewandten Mathematik, welches in den unterschiedlichsten Disziplinen der Natur- und Ingenieurwissenschaften und natürlich auch den Wirtschaftswissenschaften angewendet wird. Es umfasst viele, unterschiedliche Themenbereiche, von der kontinuierlichen Optimierung, welche Ableitungen verwendet, über die diskrete und ganzzahlige Optimierung, die Methoden des Operations Research und Optimal Control, bis hin zur mehrkriteriellen Optimierung. Ebenso vielfältig sind die Anwendungsprobleme. So werden industrielle und logistische Prozesse, naturwissenschaftliche Systeme und Bauteile, aber auch ganze Wirtschaftssysteme optimiert.

Dieses *essential* gibt eine kurze Einführung in die mathematische Optimierung oder genauer gesagt, in den Teilbereich der kontinuierlichen Optimierung. Diese unterscheidet sich insbesondere von der diskreten Optimierung dadurch, dass wir reelle Größen und Parameter suchen, welche eine Zielfunktion minimieren. Im Gegensatz dazu arbeitet die diskrete Optimierung mit ganzzahligen Lösungen. Wir können allgemein gewisse Nebenbedingungen stellen, die durch Gleichungen oder Ungleichungen formuliert werden. Zur Lösung wenden wir in der kontinuierlichen Optimierung sogenannte Optimalitätskriterien an, die erste und zweite Ableitungen benutzen. Dieses ist der nächste Unterschied zur diskreten Optimierung: Da diese mit ganzen Zahlen arbeitet, existieren keine Ableitungen.

Im letzten Teil des *essentials* behandeln wir die mehrkriterielle Optimierung. Diese gewinnt immer mehr an Bedeutung in der Anwendung, da in der Regel praktische Probleme nicht nur durch eine Optimierungsgröße (Zielfunktion) beschrieben werden können, sondern mehrere Ziele vorliegen, die üblicherweise auch noch miteinander konkurrieren. Wieder betrachten wir hier kontinuierliche Problemstellungen. Wir werden feststellen, dass wir bei mehrkriteriellen Problemen keine eindeutige Lösung mehr finden können. Stattdessen erhalten wir eine ganze Menge

(Pareto-Menge) von „guten Alternativen" (Pareto-optimalen Lösungen), aus denen wir eine Lösung wählen können.

Der folgende Text wurde hauptsächlich für Bachelor- und Masterstudierende der Ingenieur-, Natur- und Wirtschaftswissenschaften geschrieben. Da es sich um eine mathematische Betrachtung handelt, werden natürlich auch Formeln auftauchen, die jedoch immer ausführlich erklärt werden. Zum Verständnis sollte eine typische Anfängervorlesung in Mathematik, die mehrdimensionale Differentialrechnung beinhaltet, ausreichen. Begriffe wie „Gradient" und „Hesse-Matrix" sollten bekannt sein, alle weiteren Details werden im Text erarbeitet. Da es sich um eine Einführung handelt und wir nur einen ersten Überblick geben wollen, verzichten wir auf formale Beweise. Wir wollen stattdessen durch zahlreiche Beispiele die Aussagen motivieren und so das nötige Verständnis bei den Leserinnen[1] erzeugen. Für das tiefer gehende Studium empfehlen wir weitere Bücher, in denen dann auch die mathematischen Beweise zu finden sind. Diese werden an den entsprechenden Stellen zitiert.

Für die kritische Durchsicht des Textes und zahlreiche Hinweise, vor allem auch aus studentischer Sicht, danke ich Stephanie Kahmann und Andre Tenbrake. Weiter bedanke ich mich bei Silvia Schulz für die Unterstützung bei der Konzeptionierung und Durchführung der zugehörigen Veranstaltung im Masterstudiengang. Ein Dank gebührt auch dem Springer Verlag für die Möglichkeit dieses *essential* zu schreiben, hier vor allem Frau Ruhmann und Frau Schulz, die das Projekt begleitet haben.

Jülich, Deutschland   Martin Pieper
Im November 2016

---

[1]Um alle Geschlechter anzusprechen, werden in diesem *essential* die männliche und weibliche Form abwechselnd verwendet.

Inhaltsverzeichnis

Einleitung 1

Optimierung ist eine der wichtigsten Teildisziplinen der Mathematik, insbesondere, wenn wir die vielfältigen Anwendungsmöglichkeiten in den unterschiedlichen Bereichen betrachten. Trotzdem müssen wir leider zunächst einmal klären, was wir überhaupt unter Optimierung bzw. mathematischer Optimierung verstehen. Gerade in den Ingenieurwissenschaften wird oft fälschlicherweise von Optimierung gesprochen, wenn eigentlich nur eine Verbesserung gemeint ist. Optimierung im mathematischen Sinn bedeutet nämlich, dass wir das oder ein Optimum finden, je nachdem ob das Problem eine eindeutige Lösung oder mehrere Lösungen mit identischen Funktionswerten besitzt. Optimierung beinhaltet also viel mehr als nur eine bloße Verbesserung. Wir versuchen, die bestmögliche Lösung zu finden.

Das vorliegenden *essential* behandelt die kontinuierliche Optimierung, was bedeutet, dass wir mit reellen Größen arbeiten. Im Gegensatz hierzu sucht z. B. die diskrete Optimierung ganzzahlige Lösungen. Wie der Buchtitel bereits andeutet, werden wir versuchen die mathematischen Begriffe anhand zahlreicher Beispiele zu illustrieren. Daher werden die Formeln und mathematischen Aussagen direkt an praktischen Beispielen erklärt und verdeutlicht. So beginnen wir in Kap. 2 auch mit drei kurzen Einführungsbeispielen. Diese zeigen zum einen mögliche Anwendungen der Optimierung auf und führen zusätzlich in die übliche Notation und Sprechweise ein, die wir in Kap. 3 verwenden.

Das dritte Kapitel befasst sich dann mit Optimierungstheorie. Wir werden zunächst die übliche, mathematisch formale Notation einführen und uns dann mit Optimalitätskriterien erster und zweiter Ordnung beschäftigen. Diese geben Bedingungen an, die unsere optimalen Lösungen erfüllen müssen. Wir können die kontinuierliche Optimierung grob in zwei Teilbereiche einteilen: Optimierung mit und ohne Nebenbedingungen. Daher beginnen wir in Abschn. 3.1 zunächst mit den einfacheren

© Springer Fachmedien Wiesbaden GmbH 2017
M. Pieper, *Mathematische Optimierung*, essentials,
DOI 10.1007/978-3-658-16975-6_1

Problemen ohne Nebenbedingungen und übertragen anschließend unsere Ergebnisse in Abschn. 3.2 auf den Fall, wo Nebenbedingungen vorliegen.

Den Abschluss des *essentials* bildet die mehrkriterielle Optimierung (Kap. 4). Dieser wichtige Zweig der Optimierung gewinnt immer mehr an Bedeutung, vor allem bei praktischen Anwendungen, z. B. in der Industrie. Hier liegen in der Regel Probleme vor, bei denen mehrere, konkurrierende Ziele gleichzeitig zu optimieren sind. Dieses bedeutet, dass wir Kompromisse finden müssen oder mathematisch ausgedrückt, wir suchen nach Pareto-optimalen Lösungen.

Einführungsbeispiele

2

Wir beginnen unseren Exkurs in die kontinuierliche Optimierung mit drei kurzen Einführungsbeispielen. Beim ersten Beispiel liegt ein eindimensionales Problem vor. Anschließend betrachten wir ein mehrdimensionales Optimierungsproblem. Hier werden wir feststellen, dass sich die Methoden aus dem eindimensionalen Beispiel einfach übertragen lassen. Zum Abschluss betrachten wir ein Problem mit Nebenbedingungen.

2.1 Ausgleichskurve (Curve Fitting)

Das erste Beispiel begegnet uns häufig in den Ingenieur- und Naturwissenschaften, immer dann, wenn wir in Experimenten Messungen durchführen und diese anschließend auswerten wollen. Hierzu versuchen wir, eine passende Kurve möglichst gut durch die ermittelten Messwerte zu legen. Um dieses zu verdeutlichen, betrachten wir folgendes Problem:

Wir gehen von einer Kultur mit 100 Bakterien aus und beobachten ihr Wachstum, d. h. wir zählen jede Stunde die Anzahl $N(t)$ der vorhandenen Bakterien. Die so ermittelten Messwerte werden in Tab. 2.1 und Abb. 2.1 gezeigt. Natürlich haben wir uns das eine oder andere Mal beim Bakterienzählen verzählt, sodass unsere Daten einen gewissen Messfehler besitzen.

Die Biologie (vgl. z. B. Cypionka [1], Kap. 8) lehrt uns, dass eine Bakterienkultur, zumindest zeitweise, exponentiell wächst. Dieses wird durch die folgende Funktion beschrieben:

$$N(t) = N_0 \cdot e^{\mu \cdot t}, \tag{2.1}$$

wobei N_0 die Anfangspopulation zu Beginn der Beobachtung ($t = 0$) beschreibt, wir mit μ die Wachstumsrate bezeichnen und t die Zeit in Stunden angibt.

© Springer Fachmedien Wiesbaden GmbH 2017
M. Pieper, *Mathematische Optimierung,* essentials,
DOI 10.1007/978-3-658-16975-6_2

Tab. 2.1 Gemessene Bakterienanzahl

t in h	0	1	2	3	4	5	6	7	8	9
N(t)	100	125	155	210	250	310	395	505	640	815

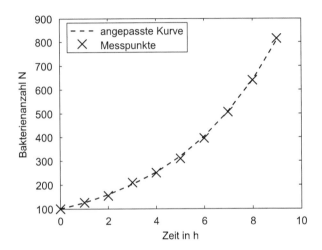

Abb. 2.1 Messwerte und gefittete Exponentialkurve

Da wir uns beim Wert für die Anfangspopulation sicher sind, können wir $N_0 = 100$ Bakterien setzen. Es bleibt also nur die Wachstumsrate μ als freier Parameter übrig, den wir nun so bestimmen wollen, dass der zugehörige Funktionsgraph bestmöglich an die Messwerte angepasst wird.

Probleme dieser Art werden mit der Methode der kleinsten Quadrate (Least Squares) gelöst. Da die gemessenen Größen möglichst nahe an den theoretisch vorhergesagten Größen auf der Ausgleichskurve liegen sollen, wird die quadratische Abweichung zu jedem Messzeitpunkt betrachtet. Es wird hierbei bewusst nicht der Betrag gewählt, da mit Quadraten einfacher weitergerechnet werden kann. Anschließend wird über alle Zeitpunkte summiert. Das Optimierungsziel besteht dann darin, den oder die Parameter zu finden, welche die Summe minimieren.

Konkret für unser Beispiel bedeutet dieses, dass wir von allen Kurvenpunkten

$$N(t_i) = N_0 \cdot e^{\mu \cdot t_i} \tag{2.2}$$

zu den Zeiten $t_i = 0, 1, \ldots, 9$ die Messpunkte $N_i = 100, 125, \ldots 815$ abziehen, dann die Differenzen quadrieren und anschließend die Summe bilden:

$$\min_{\mu \in \mathbb{R}} \ f(\mu) = (N_0 \cdot e^{\mu \cdot 0} - 100)^2 + (N_0 \cdot e^{\mu \cdot 1} - 125)^2 + \ldots + (N_0 \cdot e^{\mu \cdot 9} - 815)^2.$$

Wenn wir das Summenzeichen verwenden, wird der Ausdruck etwas handlicher:

$$\min_{\mu \in \mathbb{R}} \ f(\mu) = \sum_{i=0}^{9} (N_0 \cdot e^{\mu \cdot t_i} - N_i)^2.$$

Um auszudrücken, dass die Wachstumsrate μ der freie Optimierungsparameter ist, wird unter dem Minimum notiert, dass bzgl. μ optimiert wird. Weiter wird der erlaubte Definitionsbereich angegeben. Da wir hier alle reellen Zahlen ($\mu \in \mathbb{R}$) zulassen, handelt es sich um ein Optimierungsproblem ohne Nebenbedingungen. Wir können μ frei wählen.

Unser Ziel ist es, einen möglichst kleinen Wert für die Summe zu erhalten, damit die Abstände der Messpunkte zur Kurve möglichst klein sind. Daher bildet die Summe, die wir mit $f(\mu)$ bezeichnen, in diesem Beispiel die Zielfunktion, welche wir minimieren wollen.

Falls möglich, ist es immer eine gute Idee, die Zielfunktion zu plotten, um sich einen Überblick über das Problem und die möglichen Minima zu verschaffen. Abb. 2.2a zeigt einen Ausschnitt der Zielfunktion für unser Bakterienbeispiel. Wir beobachten deutlich ein (lokales) Minimum zwischen $\mu = 0, 2$ und $\mu = 0, 3$.

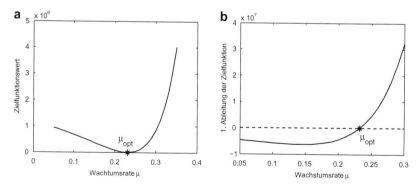

Abb. 2.2 Zielfunktion (**a**) und erste Ableitung der Zielfunktion (**b**)

Um jedoch den genauen Wert ablesen zu können, ist der Plot zu ungenau. Wir wollen daher den optimalen Parameter im Folgenden berechnen.

Erinnern wir uns an die Schule: Hier haben wir gelernt, dass bei einem lokalen Extremum (Minimum oder Maximum) die erste Ableitung der Zielfunktion null ist, da dann eine waagerechte Tangente, parallel zur y-Achse, vorliegt. Dieses ist auch beim lokalen Minimum unserer Zielfunktion in Abb. 2.2a zu beobachten. Wir leiten daher unsere Zielfunktion $f(\mu)$ einmal ab. Wichtig ist, dass wir bzgl. des Optimierungsparameters μ differenzieren und nicht z. B. bzgl. t, da wir den Parameter μ bestimmen wollen und für t feste Werte vorgegeben sind (vgl. Tab. 2.1). Wir erhalten mit der Kettenregel folgende erste Ableitung:

$$f'(\mu) = \cdot \sum_{i=0}^{9} \underbrace{N_0 \cdot t_i \cdot e^{\mu \cdot t_i}}_{\text{innere Abl.}} \cdot \underbrace{2 \cdot \left(N_0 \cdot e^{\mu \cdot t_i} - N_i\right)}_{\text{äußere Abl.}}.$$

Einen Plot der ersten Ableitung zeigt Abb. 2.2b. Tatsächlich beobachten wir zwischen $\mu = 0,2$ und $\mu = 0,3$ eine Nullstelle in der ersten Ableitung an der Stelle, wo wir das lokale Minimum vermuten.

Um nun alle möglichen Kandidaten für Minima zu bestimmen, setzen wir die erste Ableitung gleich null und berechnen alle Nullstellen. Da dieses hier per Hand nicht möglich ist, lassen wir den Computer für uns rechnen. Dieser liefert $\mu = 0,2322$. Die Abb. 2.2a bestätigt schließlich, dass auch tatsächlich ein Minimum vorliegt.

2.2 Standortplanung

Im zweiten Beispiel stellen wir uns eine Supermarktkette vor, die mehrere Läden in unterschiedlichen Orten betreibt. Für diese Läden soll ein Lager gebaut werden, aber wo? Ziel ist es, das Lager möglichst zentral zwischen die Supermärkte zu platzieren, damit die Entfernung zu diesen möglichst klein ist. Es liegt also ein Optimierungsproblem vor.

Als konkretes Beispiel gehen wir von drei Supermärkten aus, die sich an den folgenden Standorten befinden (vgl. Abb. 2.3b):

$$P_1 = (0,0), \ P_2 = (4,-2) \ \text{und} \ P_3 = (3,4). \tag{2.3}$$

Im Optimierungsproblem suchen wir nun nach einem Standort $P = (x,y)$ zwischen den Supermärkten, sodass der Abstand zu allen drei Punkten P_i möglichst klein wird. Um dieses Problem mathematisch zu modellieren, berechnen wir

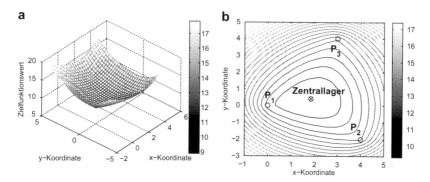

Abb. 2.3 Oberflächen- (a) und Konturenplot (b) der Zielfunktion

zunächst den euklidischen Abstand der drei Supermärkte zum gesuchten Punkt $P = (x, y)$. Diesen erhalten wir nach dem Satz von Pythagoras:

$$d_i := \sqrt{(x - p_x^i)^2 + (y - p_y^i)^2}, \quad i = 1, 2, 3,$$

wobei wir mit p_x^i und p_y^i die Koordinaten der Punkte P_i bezeichnet haben, an denen die Supermärkte liegen.

Wir wollen alle Abstände gleichzeitig minimieren, daher addieren wir sie. Setzen wir unsere Punkte ein, erhalten wir das Optimierungsproblem:

$$\min_{(x,y)\in\mathbb{R}^2} f(x, y) = \underbrace{\sqrt{x^2 + y^2}}_{=d_1} + \underbrace{\sqrt{(x - 4)^2 + (y + 2)^2}}_{=d_2} + \underbrace{\sqrt{(x - 3)^2 + (y - 4)^2}}_{=d_3}.$$

Wir suchen die beiden Koordinaten $x \in \mathbb{R}$ und $y \in \mathbb{R}$, was wir wieder unter dem Minimum notieren. Da sich aus der Problemstellung zunächst keine Einschränkungen an x und y ergeben, liegt ein Optimierungsproblem ohne Nebenbedingungen vor. Natürlich sagt uns die Intuition, dass die optimale Lösung irgendwo zwischen den Punkten P_i liegt, um das Problem jedoch so einfach wie möglich zu halten, geht diese Beobachtung nicht in die mathematische Formulierung ein.

Wir können wieder die Zielfunktion $f(x, y)$ plotten. Abb. 2.3a zeigt einen Oberflächenplot und in Abb. 2.3b werden die Konturen gezeigt. Zusätzlich haben wir die Positionen P_i der Supermärkte zur besseren Orientierung eingezeichnet.

Betrachten wir die Zielfunktion, so fällt auf, dass diese genau ein Minimum besitzt. Wie aber können wir dieses berechnen? Gehen wir zurück zum eindimensionalen Fall: Hier haben wir nach Nullstellen der ersten Ableitung gesucht, da dann die Tangente waagerecht ist. Wir versuchen dieses Kriterium auf den zweidimensionalen Fall zu übertragen. Dabei ersetzen wir die Ableitung $f'(\mu)$ durch den Gradienten $\nabla f(x, y)$. Wenn der Gradient verschwindet, erhalten wir eine waagerechte Tangentialebene, parallel zur $x - y$-Ebene. Wir haben also ein Kriterium für ein Extremum gefunden.

Bestimmen wir für unser Beispiel den Gradienten der Zielfunktion, indem wir partiell bzgl. beider Koordinaten x und y ableiten und setzen die beiden Komponenten des Gradienten gleich null, ergeben sich zwei, nichtlineare Bestimmungsgleichungen. Diese sind leider wieder zu kompliziert, um sie mit der Hand zu lösen. Verwenden wir ein Computerprogramm, erhalten wir $x = 1,836$ und $y = 0,394$ als optimale Positionen für unser Zentrallager. Diese Lösung wird schließlich auch in Abb. 2.3b gezeigt.

2.3 Haltestellenplanung

Im letzten Beispiel betrachten wir nun ein Problem, bei dem wir Einschränkungen an die Optimierungsparameter vorgeben müssen.

Wir gehen wieder von unterschiedlichen Orten aus. Dieses Mal soll ein Bahnhof so gebaut werden, dass er für Alle möglichst günstig erreichbar ist. Da die Schienen schon verlegt sind, können wir den Bahnhof nicht an einen beliebigen Ort bauen. Er muss an den Gleisen liegen, d. h. wir haben eine Nebenbedingung, welche unsere optimale Lösung erfüllen muss.

Konkret betrachten wir wieder die drei Orte aus dem letzten Beispiel Gl. (2.3), um anschließend die Lösungen vergleichen zu können. Die Schienen können wir als Gerade modellieren, welche durch die Gleichung $y = x - 4$ beschrieben wird. Die Situation wird in Abb. 2.4 dargestellt.

Da wir als Standort für den Bahnhof wieder eine Position $P = (x, y)$ suchen, welche minimalen Abstand zu allen drei Orten besitzen soll, verändert sich unsere Zielfunktion nicht gegenüber dem letzten Beispiel. Wir müssen lediglich die Geradengleichung als Nebenbedingung hinzufügen und erhalten:

$$\min_{(x,y)\in\mathbb{R}^2} \quad f(x, y) = \sum_{i=1}^{3} \sqrt{(x - p_x^i)^2 + (y - p_y^i)^2}$$
$$\text{sodass} \quad y = x - 4$$

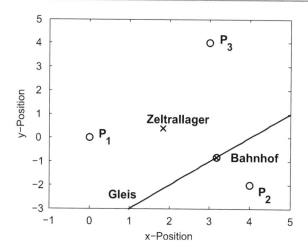

Abb. 2.4 Positionen P_i der drei Orte, optimaler Standort des Bahnhofs und des Zentrallagers aus Abschn. 2.2 zum Vergleich

Wie können wir dieses Optimierungsproblem lösen? Erinnern wir uns wieder an die Schule. Hier haben wir vielleicht sogenannte Extremwertaufgaben behandelt. Wir können die Nebenbedingung $y = x - 4$ in die Zielfunktion einsetzen und eliminieren so den Optimierungsparameter y. Es ergibt sich ein eindimensionales Optimierungsproblem ohne Nebenbedingung:

$$\min_{x \in \mathbb{R}} \ f(x) = \sum_{i=1}^{3} \sqrt{(x - p_x^i)^2 + \underbrace{(x - 4 - p_y^i)^2}_{=y}}.$$

Dieses können wir analog zum letzten Beispiel in Abschn. 2.2 lösen, d. h. wir setzen den Gradienten null und lösen das nichtlineare Gleichungssystem mit dem Computer. Dieser liefert schließlich als optimale Position für unseren Bahnhof:

$$P = (3, 176, -0, 823).$$

Die Lösung haben wir in Abb. 2.4 durch einen Kreis mit Kreuz markiert. Zum Vergleich wird auch die Lösung des Standortproblems aus dem letzten Abschnitt gezeigt (Kreuz). Wir sehen, dass die Nebenbedingung erzwingt, dass der Bahnhof auf der Geraden platziert wird, d. h. die Nebenbedingung hat großen Einfluss auf die Lösung und verändert diese.

Theoretische Grundlagen der Optimierung 3

Wir befassen uns nun mit der Optimierungstheorie. In Abschn. 3.1 beginnen wir zunächst mit Optimierungsproblemen ohne Nebenbedingungen und geben die allgemeine, mathematische Formulierung des Problems an. Anschließend diskutieren wir die Optimalitätsbedingungen erster und zweiter Ordnung, mit deren Hilfe wir Minima der Zielfunktion bestimmen können.

In Abschn. 3.2 nehmen wir dann Nebenbedingungen hinzu. Wie üblich, betrachten wir Nebenbedingungen, die durch Gleichungen und Ungleichungen formuliert werden können. Nachdem wir die Unterschiede und Besonderheiten diskutiert haben, geben wir in Abschn. 3.2.1 das Optimalitätskriterium an. Dieses hilft uns dabei, Kandidaten für mögliche Minima zu finden.

3.1 Optimierung ohne Nebenbedingungen

Wir betrachten zunächst Optimierungsprobleme ohne Nebenbedingungen, d. h. die Optimierungsparameter können jeden beliebigen, reellen Wert annehmen. Solche Probleme werden in der Literatur häufig auch *unrestringierte Optimierungsprobleme* genannt.

Die Optimalitätsbedingungen, die wir im nächsten Abschnitt herleiten, sollen auf alle Optimierungsproblem ohne Nebenbedingungen angewendet werden können. Dieses soll vor allem unabhängig vom speziellen Anwendungsfall möglich sein. Daher führen wir zuerst eine allgemeine Formulierung für Probleme dieses Typs ein. Die Grundidee ist hierbei, dass wir später jedes Problem, das wir betrachten, in diese Form überführen können.

Was benötigen wir alles, um ein Optimierungsproblem ohne Nebenbedingungen zu formulieren? Schauen wir zurück auf die ersten beiden Beispiele in Abschn. 2.1 und 2.2. Hier sollten bestimmte Größen optimiert werden. Diese haben wir als sogenannte Zielfunktion f formuliert. Beim ersten Beispiel hing die Zielfunktion nur

© Springer Fachmedien Wiesbaden GmbH 2017
M. Pieper, *Mathematische Optimierung*, essentials,
DOI 10.1007/978-3-658-16975-6_3

vom Parameter μ ab. Im zweiten Fall bildeten die Koordinaten des Lagers (x, y) die beiden Optimierungsparameter. Ganz allgemein können wir n freie Optimierungsparameter betrachten, deren Werte wir so wählen wollen, dass die Zielfunktion optimal wird.

Beim allgemeinen Problem betrachten wir also eine Zielfunktion $f : \mathbb{R}^n \to \mathbb{R}$ die einen Parametervektor $\vec{x} \in \mathbb{R}^n$ mit n Komponenten abbildet. Da wir uns in diesem Kapitel auf Optimierungsprobleme beschränken, die nur eine Zielfunktion optimieren, bildet f in die reellen Zahlen ab. In Kap. 4 werden wir auch vektorwertige Zielfunktionen $f : \mathbb{R}^n \to \mathbb{R}^k$ betrachten.

Wir können diese Zielfunktion nun minimieren bzw. maximieren. Um später nicht ständig Fallunterscheidungen bzgl. Minimum und Maximum durchführen zu müssen, werden in der Optimierungstheorie üblicherweise nur Minimierungsprobleme betrachtet. Wir erhalten also:

Definition 3.1 *(Unrestringiertes Optimierungsproblem)* Die Standardform für ein Optimierungsproblem ohne Nebenbedingungen lautet:

$$\text{(P)} \quad \min_{\vec{x} \in \mathbb{R}^n} f(\vec{x}). \qquad (3.1)$$

Bemerkung 3.2 *Probleme, bei denen maximiert werden soll, können durch Multiplikation von minus eins in die Standardform überführt werden:*

$$\max_{\vec{x} \in \mathbb{R}^n} f(\vec{x}) \quad \Leftrightarrow \quad \min_{\vec{x} \in \mathbb{R}^n} -f(\vec{x}).$$

3.1.1 Optimalitätsbedingungen

Wir werden nun Kriterien herleiten, die es uns erlauben, alle Minima unserer Zielfunktion zu berechnen. Dazu müssen wir zunächst zwischen lokalen und globalen Minima unterscheiden.

Wir betrachten die eindimensionale Funktion

$$f(x) = x^4 - 4x^2 - 2x + 4, \qquad (3.2)$$

die in Abb. 3.1 gezeigt wird. Wir beobachten zwei Minima $P_{min,1}$ und $P_{min,2}$. Diese sind dadurch gekennzeichnet, dass in einer Umgebung ihre Funktionswerte kleiner als alle anderen Funktionswerte sind. Solche Minima bezeichnen wir als *lokale Minima*, da sie eben nur in einer gewissen Umgebung minimal sind. So ist z. B. der

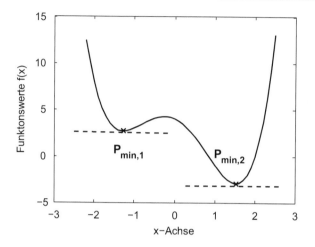

Abb. 3.1 Funktion f mit den beiden lokalen Minima $P_{min,1}$ und $P_{min,2}$. Nur das zweite Minimum ist ein globales Minimum

Funktionswert im zweiten Minimum $P_{min,2}$ kleiner als der Funktionswert in $P_{min,1}$, d. h. $P_{min,1}$ ist nur lokal ein Minimum. Hingegen finden wir an keiner Stelle einen Funktionswert, der kleiner als der Wert bei $P_{min,2}$ ist, daher handelt es sich hier um ein *globales Minimum,* d. h. es gibt keinen Punkt auf dem Funktionsgraphen, der tiefer liegt.

Da diese Beobachtung auch für mehrdimensionale Funktionen, d. h. Funktionen, die von mehr als einer Unbekannten abhängen, gültig ist, wollen wir sie in einer Definition festhalten (vgl. auch Heuser [2], Kap. 173):

Definition 3.3 *(Lokale/Globale Minima)* Wir unterscheiden zwischen lokalen und globalen Minima:

i) An der Stelle $\vec{x}^{\,*} \in \mathbb{R}^n$ liegt ein globales Minimum vor, wenn

$$f(\vec{x}^{\,*}) \leq f(\vec{x}) \quad \text{für alle } \vec{x} \in \mathbb{R}^n.$$

ii) An der Stelle $\vec{x}^{\,*} \in \mathbb{R}^n$ liegt ein lokales Minimum vor, wenn in einer gewissen, kleinen Umgebung $U_{\vec{x}^*}$ von $\vec{x}^{\,*}$ gilt:

$$f(\vec{x}^{\,*}) \leq f(\vec{x}) \quad \text{für alle } \vec{x} \in U_{\vec{x}^*}.$$

An der Definition und auch im Beispiel in Abb. 3.1 sehen wir sofort, dass globale Minima gleichzeitig auch immer lokale Minima sind. Die Umkehrung, wie wir z. B. am Minimum in $P_{min,1}$ sehen, gilt im Allgemeinen nicht.

In unserem Optimierungsproblem (3.1) suchen wir globale Minima der Zielfunktion f. Da es leider kein direktes Kriterium gibt, um globale Minima zu finden, nutzen wir die Tatsache, dass jedes globale Minimum auch ein lokales Minimum ist. Wenn wir dann alle lokalen Minima der Zielfunktion gefunden haben, ist unsere Lösung das Minimum mit dem kleinsten Funktionswert.

Glücklicherweise existieren Kriterien, mit denen wir Kandidaten für lokale Minima identifizieren und berechnen können. Da es uns eher um das Verständnis der Methoden, als um formale Beweise geht, begnügen wir uns mit einer heuristischen Herleitung, d. h. wir versuchen nur die Grundideen zu erläutern. Für formale Beweise verweisen wir lediglich auf die entsprechende Literatur (z. B. Werner [3], Abschn. 7.1.2 und 7.1.3 oder Heuser [2], Kap. 173).

Kommen wir noch einmal zurück zu den beiden lokalen Minima in Abb. 3.1. Betrachten wir Punkte links der Minima, so fällt hier die Tangente an die Zielfunktion, d. h. die Ableitung in diesen Punkten ist negativ. Bei Punkten rechts von $P_{min,1}$ und $P_{min,2}$ steigt die Tangente, was eine positive Ableitung bedeutet. Da wir annehmen, dass unsere Funktionen genügend glatt sind, d. h. mindestens einmal stetig differenzierbar, muss die Ableitung in den beiden Minima verschwinden, da sie hier von einer negativen Steigung zu einer positiven Steigung wechselt. Dieses wird auch in der Abbildung durch die gestrichelt gezeichneten, waagerechten Tangenten bestätigt.

Wie sieht nun die Situation für Zielfunktionen aus, die von mehr als einem Optimierungsparameter abhängen? Wir betrachten hierzu das Skalarfeld

$$g(x_1, x_2) = x_1^4 - 4x_1^2 - 2x_1 + 4 + x_2^2,$$

welches von den Unbekannten x_1 und x_2 abhängt und in Abb. 3.2 gezeigt wird. Wir entdecken zwei lokale Minima. Anstatt der Tangente betrachten wir nun die Tangentialebene zum Funktionsgraphen. Wir beobachten, dass diese, völlig analog zum eindimensionalen Fall in Abb. 3.1, ebenfalls waagerecht ist. Dieses bedeutet aber nichts anderes, als dass die mehrdimensionale Ableitung von g verschwindet. Da die Ableitung von Skalarfeldern durch den Gradienten ∇g gegeben wird, erhalten wir also $\nabla g = 0$ als Kriterium.

Satz 3.4 (Optimalitätskriterium 1. Ordnung) *Wir gehen davon aus, dass die Funktion* $f : \mathbb{R}^n \to \mathbb{R}$ *genügend glatt ist, d. h. mindestens einmal stetig diffe-*

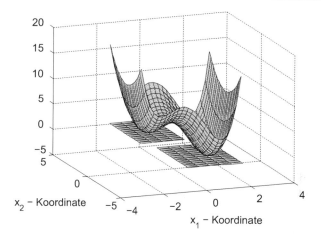

Abb. 3.2 Lokale Minima und waagerechte Tangentialebenen des Skalarfeldes $g(x_1, x_2)$

renzierbar. Liegt dann im Punkt $\vec{x}^* \in \mathbb{R}^n$ ein lokales Minimum vor, so muss der Gradient dort verschwinden, d. h. es gilt $\nabla f(\vec{x}^*) = \vec{0}$.

Wir sprechen von einem *Kriterium 1. Ordnung*, da nur die erste Ableitung der Zielfunktion involviert ist. Der Satz besagt also, dass bei allen lokalen Minima der Gradient der Funktion verschwindet. Daher handelt es sich um ein *notwendiges Kriterium*, welches immer erfüllt sein muss.

Leider gilt jedoch die umgekehrte Aussage des Satzes nicht, d. h. wenn wir Punkte gefunden haben, bei denen der Gradient verschwindet, dann bedeutet dieses noch lange nicht, dass es sich um Minima handelt. Genauso gut könnte auch ein Maximum vorliegen oder ein sogenannter Sattelpunkt. Wir nennen daher üblicherweise Punkte, an denen der Gradient verschwindet, *kritische Punkte*. Diese sind mögliche Kandidaten dafür, ein Minimum zu finden.

Als Standardbeispiel betrachten wir zur Illustration die einfache Funktion $h(x) = x^3$. Die erste Ableitung lautet $h'(x) = 3x^2$ und besitzt bei $x = 0$ eine Nullstelle. Betrachten wir Abb. 3.3, so sehen wir allerdings, dass weder Minimum noch Maximum vorliegen. Wir haben einen sogenannten Sattelpunkt gefunden.

In der Schule haben wir gelernt, dass eine positive zweite Ableitung im kritischen Punkt ein hinreichendes Kriterium für ein Minimum ist. Wir wollen nun am Beispiel verstehen, warum dieses der Fall ist und betrachten die bereits bekannte Funktion aus Gl. (3.2).

Abb. 3.3 Funktionsgraph
von $h(x) = x^3$ mit
Sattelpunkt an der Stelle
$x = 0$

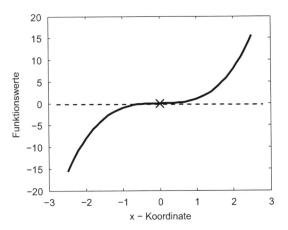

Diese haben wir in Abb. 3.4 zusammen mit ihren ersten beiden Ableitungen gezeichnet. Am Plot in der Mitte sehen wir, dass an den Stellen, wo f lokale Minima besitzt, die erste Ableitung verschwindet. Weiter beobachten wir, dass die erste Ableitung links vom Minimum negativ ist und nach dem Minimum positiv wird. Dieses hatten wir uns bereits zur Herleitung des Kriteriums erster Ordnung überlegt. Oft wird dann von einem Vorzeichenwechsel in der ersten Ableitung gesprochen, was bereits ein hinreichendes Kriterium liefert.

Betrachten wir nun die zweite Ableitung, die im unteren Plot von Abb. 3.4 gezeigt wird. Wir sehen deutlich, dass diese positiv in den beiden Minima ist. Warum ist dieses der Fall? Hierzu müssen wir uns die Bedeutung der zweiten Ableitung ins Gedächtnis rufen. Die zweite Ableitung erhalten wir, indem wir die erste Ableitung differenzieren. Daher gibt die zweite Ableitung f'' als Ableitung von f' die Steigung von f' an. In unserem Fall wechselt die erste Ableitung von negativen Werten zu positiven, sie steigt also. Das bedeutet aber nichts anderes, als das die zweite Ableitung positiv sein muss. Wir haben also unser hinreichendes Kriterium zweiter Ordnung gefunden.

Im nächsten Schritt wollen wir dieses Kriterium nun auf den allgemeinen Fall, d. h. auf mehrdimensionale Optimierungsprobleme übertragen. Betrachten wir ein beliebiges Skalarfeld $f : \mathbb{R}^n \to \mathbb{R}$. Die erste Ableitung entsprach dem Gradienten. Die zweite Ableitung wird dann durch die sogenannte Hessematrix $\nabla^2 f(\vec{x})$ gegeben, die aus den zweiten, partiellen Ableitungen gebildet wird. Diese ist symmetrisch, falls alle Ableitungen stetig sind (Satz von Schwarz). Leider können Matrizen, zumindest im herkömmlichen Sinn, nicht positiv sein. Es gibt allerdings eine analoge Eigenschaft: Matrizen können positiv definit sein. Ist dieses der Fall, kann

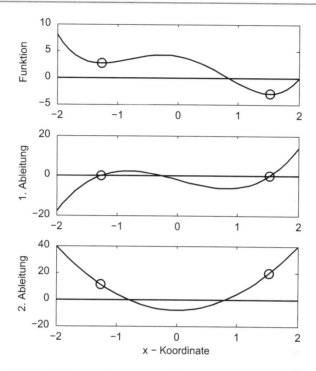

Abb. 3.4 Plot der Funktion (oben) zusammen mit der 1. Ableitung (Mitte) und der 2. Ableitung (unten)

gezeigt werden, dass in einem kritischen Punkt tatsächlich ein lokales Minimum vorliegt (z. B. Werner [3], Abschn. 7.1.3 oder Heuser [2], Kap. 173).

Satz 3.5 (Optimalitätskriterium 2. Ordnung) *Wir suchen lokale Minima der Funktion* $f : \mathbb{R}^n \to \mathbb{R}$, *die hinreichend glatt sein soll, d. h. mindestens zweimal stetig partiell differenzierbar. Haben wir in* $\vec{x}^*$ *einen kritischen Punkt mit* $\nabla f(\vec{x}^*) = \vec{0}$ *vorliegen und ist die Hessematrix* $\nabla^2 f(\vec{x}^*)$ *dort positiv definit, so liegt in* $\vec{x}^*$ *ein lokales Minimum vor.*

Der letzte Satz gibt uns nun das gesuchte *hinreichende Kriterium:* Als zusätzliche Eigenschaft muss die zweite Ableitung noch positiv definit sein. Es handelt sich also um ein *Kriterium zweiter Ordnung.*

So weit, so gut! Wir wissen allerdings immer noch nicht, wie wir feststellen können, ob eine Matrix positiv definit ist oder nicht. Für symmetrische Matrizen

Abb. 3.5 Die führenden
Hauptminoren von A sind
die quadratischen
Unterdeterminanten von
links oben nach rechts unten

$$\begin{pmatrix} a_{11} & a_{12} & a_{13} & \cdots & a_{1n} \\ a_{21} & a_{22} & a_{23} & \cdots & a_{2n} \\ a_{31} & a_{32} & a_{33} & \cdots & a_{3n} \\ \vdots & \vdots & \vdots & \ddots & \vdots \\ a_{n1} & a_{n2} & a_{n3} & \cdots & a_{nn} \end{pmatrix}$$

existiert speziell ein recht praktisches und einfach anzuwendendes Kriterium, das oft Sylvester- oder Hurwitz-Kriterium genannt wird:

Satz 3.6 (Sylvester-/Hurwitz-Kriterium) *Eine symmetrische $n \times n$ Matrix A ist genau dann positiv definit, wenn alle führenden Hauptminoren positiv sind.*

In Abb. 3.5 wird gezeigt, was wir unter den führenden Hauptminoren einer Matrix A verstehen. Es werden, ausgehend vom Element a_{11} in der linken, oberen Ecke, nach und nach alle Unterdeterminanten bis hin zur vollen Determinante $\det(A)$ gebildet. Zum besseren Verständnis, wenden wir das Kriterium auf zwei Matrizen an.

Beispiele:

i) Wir betrachten die symmetrische 3×3 Matrix

$$A = \begin{pmatrix} 2 & 0 & 0 \\ 0 & 3 & 1 \\ 0 & 1 & 3 \end{pmatrix}.$$

Diese besitzt die folgenden, führenden Hauptminoren (vgl. Abb. 3.5)

$$a_{11} = 2 > 0, \ \det \begin{pmatrix} 2 & 0 \\ 0 & 3 \end{pmatrix} = 6 > 0, \det \begin{pmatrix} 2 & 0 & 0 \\ 0 & 3 & 1 \\ 0 & 1 & 3 \end{pmatrix} = 16 > 0,$$

die alle positiv sind. Daher liegt eine positiv definite Matrix vor.

ii) Die führenden Hauptminoren der symmetrischen Matrix

$$B = \begin{pmatrix} -2 & 0 & 0 \\ 0 & -3 & 1 \\ 0 & 1 & 3 \end{pmatrix}$$

lauten

$$b_{11} = -2 < 0, \ \det \begin{pmatrix} -2 & 0 \\ 0 & -3 \end{pmatrix} = 6 > 0, \ \det \begin{pmatrix} -2 & 0 & 0 \\ 0 & -3 & 1 \\ 0 & 1 & 3 \end{pmatrix} = 20 > 0.$$

Da der erste Wert negativ ist, ist die Matrix B nicht positiv definit.

Den sich hieraus ergebenden Lösungsalgorithmus für unser Optimierungsproblem demonstrieren wir abschließend am folgenden Beispiel:

Beispiel: Wir betrachten das Optimierungsproblem:

$$(P) \quad \min_{\vec{x} \in \mathbb{R}^2} \ f(x_1, x_2) = 3x_1^4 + 4x_1^3 - 12x_1^2 + x_2^2 \,.$$

- **Kritische Punkte bestimmen:** Der Gradient der Zielfunktion lautet:

$$\nabla f(x_1, x_2) = \begin{pmatrix} 12x_1^3 + 12x_1^2 - 24x_1 \\ 2x_2 \end{pmatrix}.$$

Null setzen liefert das folgende, nichtlineare Gleichungssystem:

$$12x_1^3 + 12x_1^2 - 24x_1 = 0$$
$$2x_2 = 0 \,.$$

Da dieses entkoppelt ist, d. h. x_1 tritt nur in der ersten Gleichung und x_2 nur in der zweiten auf, können wir leicht eine Lösung bestimmen. Aus der zweiten Gleichung folgt sofort, dass $x_2 = 0$ sein muss. Die erste Gleichung teilen wir durch zwölf und klammern ein x_1 aus:

$$12x_1^3 + 12x_1^2 - 24x_1 = 0 \quad \Leftrightarrow \quad x_1(x_1^2 + x_1 - 2) = 0.$$

Damit erhalten wir $x_1 = 0$ als erste Lösung. Wenden wir auf den Ausdruck in der Klammer die $p - q$−Formel an, ergeben sich noch die Lösungen $x_1 = -2$ und $x_1 = 1$.

Wir finden also drei kritische Punkte:

$$P_1 = (-2, 0), \quad P_2 = (0, 0) \quad \text{und} \quad P_3 = (1, 0). \tag{3.3}$$

- **Überprüfung auf Minima:** Die Hessematrix der Zielfunktion lautet:

$$\nabla^2 f(x_1, x_2) = \begin{pmatrix} 36x_1^2 + 24x_1 - 24 & 0 \\ 0 & 2 \end{pmatrix},$$

Setzen wir die Koordinaten der drei kritischen Punkte aus Gl. (3.3) ein, erhalten wir

$$\nabla^2 f(-2, 0) = \begin{pmatrix} 72 & 0 \\ 0 & 2 \end{pmatrix}, \ \nabla^2 f(0, 0) = \begin{pmatrix} -24 & 0 \\ 0 & 2 \end{pmatrix}, \ \nabla^2 f(1, 0) = \begin{pmatrix} 36 & 0 \\ 0 & 2 \end{pmatrix}.$$

Wir berechnen die Hauptminoren und vergleichen die Vorzeichen:

$$(\nabla^2 f(-2, 0))_{11} = 72 > 0 \quad \text{und} \quad \det \nabla^2 f(-2, 0) = 144 > 0$$
$$(\nabla^2 f(0, 0))_{11} = -24 < 0 \quad \text{und} \quad \det \nabla^2 f(0, 0) = -48 < 0$$
$$(\nabla^2 f(1, 0))_{11} = 36 > 0 \quad \text{und} \quad \det \nabla^2 f(1, 0) = 72 > 0.$$

Nur bei den beiden Punkten $P_1 = (-2, 0)$ und $P_3 = (1, 0)$ sind beide Hauptminoren positiv, daher liegen nur hier lokale Minima vor.

- **Auffinden globaler Minima:** Um globale Minima zu identifizieren, berechnen wir die Funktionswerte unserer lokalen Minima:

$$f(-2, 0) = -32 \quad \text{und} \quad f(1, 0) = -5.$$

Da der Funktionswert für P_1 kleiner ist, haben wir unser globales Minimum bei $P_1 = (-2, 0)$ gefunden. Dieses bestätigt auch Abb. 3.6 (vgl. auch Bemerkung 3.7 i).

Bemerkung 3.7

i) *Unser Algorithmus findet nur dann ein oder mehrere globale Minima, wenn die Zielfunktion nach unten beschränkt ist. Andernfalls ist das Optimierungsproblem nicht lösbar.*

ii) *Wir sind immer von einer glatten Zielfunktion ausgegangen, die je nach Ordnung des Kriteriums ein- oder zweimal stetig partiell differenzierbar sein musste. Es können auch Optimalitätsbedingungen aufgestellt werden, wenn die Zielfunktion schwächere Glattheitsvoraussetzungen erfüllt. Hierzu verweisen wir z. B. auf Werner [3], Abschn. 7.1.2 und 7.1.3.*

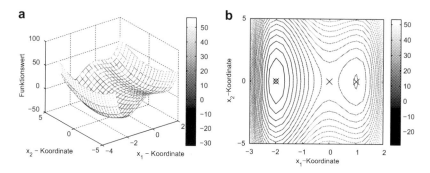

Abb. 3.6 Plot der Zielfunktion für das abschließende Optimierungsbeispiel. Die kritischen Punkte sind durch Kreuze im Höhenplot markiert. Das globale Minimum wurde zusätzlich durch einen Kreis gekennzeichnet

3.2 Optimierung mit Nebenbedingungen

Nachdem wir in den letzten Abschnitten ausschließlich Optimierungsprobleme ohne Nebenbedingungen betrachtet haben, wollen wir nun Nebenbedingungen hinzunehmen. In der Fachliteratur wird dann häufig auch von sogenannten *restringierten Optimierungsproblemen* gesprochen.

Üblicherweise genügen Gleichungen und Ungleichungen als Nebenbedingungen, um ein praktisches Optimierungsproblem mathematisch durch Formeln zu beschreiben. Diese können linear, aber auch nichtlinear sein. Wir betrachten hier sofort den allgemeinen, nichtlinearen Fall.

Ähnlich wie bei Optimierungsproblemen ohne Nebenbedingungen geben wir zuerst eine allgemeine Standardform an. Diese erleichtert es uns später Optimalitätsbedingungen anzugeben. Die Grundidee besteht wieder darin, dass wir alle in der Praxis auftretenden Probleme in diese Standardform überführen können.

Definition 3.8 (*Restringiertes Optimierungsproblem*) Die Standardform für ein Optimierungsproblem mit Nebenbedingungen lautet:

$$(P) \qquad \min_{\vec{x} \in \mathbb{R}^n} \ f(\vec{x})$$

$$\text{sodass} \quad g_i(\vec{x}) \leq 0 \quad \textit{für } i = 1, 2, \ldots, m$$
$$h_j(\vec{x}) = 0 \quad \textit{für } j = 1, 2, \ldots, p \, .$$

Ein paar Kommentare zur Standardform: Wieder bildet unsere Zielfunktion einen Parametervektor $\vec{x} \in \mathbb{R}^n$ auf die reellen Zahlen ab $f : \mathbb{R}^n \rightarrow \mathbb{R}$. Es ist üblich die Ungleichungsbedingungen mit g zu bezeichnen. Für Gleichungsbedingungen wird oft h verwendet. Es handelt sich hierbei auch um Funktionen, die in die reellen Zahlen abbilden. Da der Index i von eins bis m läuft, liegen m Ungleichungsbedingungen vor. Diese werden üblicherweise so umgeformt, dass auf der rechten Seite ein „kleiner gleich null" steht. Weiter liegen p Gleichungsbedingungen vor, die so umgeformt werden, dass wir rechts „gleich null" erhalten.

Wir gehen in diesem *essential* von endlich vielen Nebenbedingungen aus, d. h. $m, p < \infty$. Dieser Zweig wird als *finite Optimierung* bezeichnet, im Gegensatz zur *semi-infiniten* oder *infiniten Optimierung*.

Zur Illustration ein Beispiel, da wir später bei der Anwendung der Optimalitätsbedingung sicher mit der Standardform umgehen können müssen:

Beispiel: Wir betrachten folgendes Optimierungsproblem:

$$(P) \quad \max_{(x_1, x_2) \in \mathbb{R}^2} \quad f(x_1, x_2) = -x_1^3 - 2x_1^2 + 3x_2^2$$

$$\begin{aligned} \text{sodass} \quad -4x_1 - 3x_2 &\geq 0 \\ 2x_1^2 + x_2 &\leq 2 \\ -2x_1 + x_2 &= 0 \\ x_1 - 2x_2^3 + x_2 &= 1 \end{aligned}$$

Um dieses Problem in Standardform zu bringen, führen wir die folgenden Schritte durch:

- In der Standardform wird minimiert und nicht maximiert. Dazu multiplizieren wir die Zielfunktion mit minus eins:

$$\min_{(x_1, x_2) \in \mathbb{R}^2} \quad f(x_1, x_2) = x_1^3 + 2x_1^2 - 3x_2^2 \,.$$

- Bei der ersten Ungleichungsbedingung muss „kleiner gleich null" stehen. Daher multiplizieren wir mit minus eins, damit sich das Zeichen umdreht:

$$-4x_1 - 3x_2 \geq 0 \quad \Leftrightarrow \quad 4x_1 + 3x_2 \leq 0 \,.$$

- Auf der rechten Seite der zweiten Ungleichung muss eine null stehen. Wir subtrahieren daher auf beiden Seiten zwei:

$$2x_1^2 + x_2 \leq 2 \quad \Leftrightarrow \quad 2x_1^2 + x_2 - 2 \leq 0\,.$$

- Bei der letzten Gleichungsbedingung muss auf der rechten Seite eine null stehen. Subtraktion von eins liefert:

$$x_1 - 2x_2^3 + x_2 = 1 \quad \Leftrightarrow \quad x_1 - 2x_2^3 + x_2 - 1 = 0\,.$$

Damit erhalten wir unser Problem in der äquivalenten Standardform:

$$(P) \quad \min_{(x_1,x_2)\in\mathbb{R}^2} \quad f(x_1, x_2) = x_1^3 + 2x_1^2 - 3x_2^2$$

$$\text{sodass} \quad 4x_1 + 3x_2 \leq 0$$
$$2x_1^2 + x_2 - 2 \leq 0$$
$$-2x_1 + x_2 = 0$$
$$x_1 - 2x_2^3 + x_2 - 1 = 0$$

Ein Vergleich mit der allgemeinen Definition liefert folgende Funktionen:

- **Zielfunktion:**

$$f(\vec{x}) = x_1^3 + 2x_1^2 - 3x_2^2$$

- **Ungleichungsbedingungen:**

$$g_1(\vec{x}) = 4x_1 + 3x_2 \quad \text{und} \quad g_2(\vec{x}) = 2x_1^2 + x_2 - 2\,.$$

- **Gleichungsbedingungen:**

$$h_1(\vec{x}) = -2x_1 + x_2 \quad \text{und} \quad h_2(\vec{x}) = x_1 - 2x_2^3 + x_2 - 1\,.$$

Bevor wir uns mit dem Lösen von Optimierungsproblemen mit Nebenbedingungen befassen, geben wir noch eine Definition zur üblichen Sprechweise in der Optimierung an:

Definition 3.9 *(Zulässige Lösungen)* Erfüllt ein Punkt $\vec{x} \in \mathbb{R}^n$ alle Ungleichungs-
und Gleichungsbedingungen, so nennen wir ihn einen zulässigen Punkt oder eine
zulässige Lösung. Die Menge

$$\mathcal{F} := \{\vec{x} \in \mathbb{R}^n \; : \; g_i(\vec{x}) \le 0 \,, \; i = 1, 2, \ldots m \,, \; h_j(\vec{x}) = 0 \,, \; j = 1, 2, \ldots, p\} \subset \mathbb{R}^n$$

aller zulässigen Lösungen wird als zulässige Menge bezeichnet (engl. feasible).

Bemerkung 3.10 *Eine etwas gewöhnungsbedürftige Tatsache ist es, dass in der
Optimierung von zulässigen Lösungen gesprochen wird, wenn die Punkte allein die
Nebenbedingungen erfüllen. Das heißt nicht, dass es sich um Lösungen des Optimierungsproblems handelt. Diese werden nämlich als optimale Lösungen bezeichnet
und oft mit einem Sternchen gekennzeichnet:* $\vec{x}^*$.

Ein Vergleich der Lösungen unserer beiden Standortprobleme in den Abschn. 2.2
und 2.3 hat gezeigt, dass Nebenbedingungen in der Regel einen Einfluss auf die Lösung des Optimierungsproblems haben, was auch zu erwarten ist. Diesen Einfluss
wollen wir uns nun anhand eines einfachen Beispiels noch einmal genauer anschau-
en:

Beispiel: Wir betrachten drei eindimensionale Optimierungsprobleme, die sich
nur in den Nebenbedingungen unterscheiden:

$$(P_1) \quad \min_{x \in \mathbb{R}} \; f(x) = x^3 - x^2 - x + 15$$
$$\text{sodass} \quad 0 \le x \le 2$$

$$(P_2) \quad \min_{x \in \mathbb{R}} \; f(x) = x^3 - x^2 - x + 15$$
$$\text{sodass} \quad -1 \le x \le 2$$

$$(P_3) \quad \min_{x \in \mathbb{R}} \; f(x) = x^3 - x^2 - x + 15$$
$$\text{sodass} \quad -2 \le x \le 2$$

Die zugehörigen Zielfunktionen mit den entsprechenden zulässigen Mengen (hier
Intervalle) werden in Abb. 3.7 gezeigt. Hierbei gehört Bild a zu (P_1), Bild b zu (P_2)
und Bild c schließlich zu (P_3).

Wir sehen in Bild a, dass wir im zulässigen Bereich ein lokales Minimum bei
$x = 1$ vorliegen haben (gekennzeichnet durch ein Kreuz), welches auch gleichzeitig
das globale Minimum, also die optimale Lösung des Problems (P_1) ist.

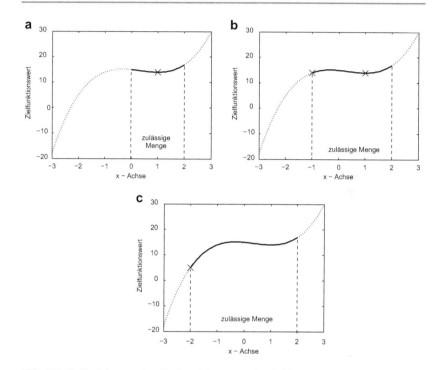

Abb. 3.7 Zielfunktionen mit zulässigen Mengen zu den drei Problemen (P_i)

Vergrößern wir jetzt bei (P_2) den zulässigen Bereich etwas nach links, so stellen wir fest, dass jetzt auch der Randpunkt $x = -1$ den gleichen Funktionswert besitzt, wie das lokale Minimum bei $x = 1$. Daher haben wir in diesem Fall zwei optimale Lösungen, nämlich $x = \pm 1$ (wieder durch Kreuze gekennzeichnet).

Beim dritten Problem vergrößern wir den zulässigen Bereich ein weiteres Mal. Da die Funktion in diesem Bereich fällt, erhalten wir so Zielfunktionswerte, die kleiner sind als unsere bisherigen optimalen Lösungen. In diesem Fall liegt die neue optimale Lösung am linken Rand des zulässigen Bereichs, nämlich im linken Intervallende bei $x = -2$.

Wir fassen unsere Beobachtungen allgemein zusammen und halten fest:

Falls die Funktionen f, g_i und h_j glatt genug sind, gibt es prinzipiell zwei Möglichkeiten für die Lösung des allgemeinen Optimierungsproblems mit Nebenbedingungen:

- *Die optimale Lösung $\vec{x}^*$ ist ein lokales Minimum der Zielfunktion f, wobei $\vec{x}^*$ im Inneren des zulässigen Bereiches $\mathcal{F}$ liegt.*
- *Die optimale Lösung $\vec{x}^*$ ist ein Randpunkt, d. h. $\vec{x}^*$ liegt auf dem Rand der zulässigen Menge $\mathcal{F}$.*

Wir stellen also fest: Wenn wir ein Optimierungsproblem mit Nebenbedingungen lösen wollen, müssen wir zunächst alle lokalen Minima der Zielfunktion bestimmen. Die Funktionswerte der lokalen Minima, die gleichzeitig zulässig sind, vergleichen wir anschließend mit den Funktionswerten aller Randpunkte. Die Punkte mit den kleinsten Zielfunktionswerten sind dann unsere optimalen Lösungen.

Wir werden im nächsten Abschnitt sehen, dass der Satz von Karush, Kuhn und Tucker im Prinzip genau dieses nachahmt. Wir erhalten ein Kriterium, das nach zulässigen lokalen Minima und Randpunkten sucht.

3.2.1 KKT-Bedingungen

Das Ziel dieses Abschnittes ist es, ein notwendiges Kriterium herzuleiten, analog zum bekannten Kriterium „erste Ableitung gleich null ", falls keine Nebenbedingungen vorliegen. Doch wozu benötigen wir dieses Kriterium überhaupt? Können wir nicht wie im Beispiel aus Abschn. 2.3 unser Problem durch Nutzen der Gleichungsbedingungen in ein Problem ohne Nebenbedingungen umformen? Leider ist diese Vorgehensweise nur in Spezialfällen möglich, wir benötigen also ein neues Kriterium, die sogenannten Karush-Kuhn-Tucker-Bedingungen (KKT-Bedingungen).

Die folgenden Betrachtungen sind wie folgt unterteilt: Wir beginnen mit der Motivation und Herleitung der KKT-Bedingungen. Wie auch schon in Abschn. 3.1 geben wir keine formal korrekten Beweise im mathematischen Sinne an. Uns geht es hier mehr um das Verständnis, woher die einzelnen Teile der KKT-Bedingung kommen und was sie anschaulich bedeuten. Für einen formalen Beweis verweisen wir auf die Literatur (z. B. Forst und Hoffmann [4], Abschn. 2.2).

Im zweiten Teil, in Abschn. 3.2.2, wenden wir dann die Bedingungen aus dem Satz von Karush, Kuhn und Tucker auf konkrete Beispiele an. Wir wollen so demonstrieren, wie mit den Aussagen des Satzes in der Praxis umgegangen wird und wie wir den Satz zum Lösen von Optimierungsproblemen mit Nebenbedingungen verwenden können. Der Text ist dabei so geschrieben, dass er auch ohne den Inhalt aus dem Motivationskapitel verstanden werden kann. Somit können diejenigen, die sich eher für die Anwendung als den theoretischen Hintergrund interessieren, den folgenden Abschnitt zunächst überspringen und direkt mit den Anwendungen in Abschn. 3.2.2 fortfahren.

Motivation und Herleitung

Wir beginnen unsere Motivation mit einer kurzen Wiederholung: Wir haben fest-
gestellt, dass Lösungen entweder lokale Minima im Inneren der zulässigen Menge
sind oder unsere optimale Lösung am Rand der zulässigen Menge liegt. Für den
ersten Fall kennen wir bereits ein notwendiges Kriterium (Satz 3.4). Wir konzen-
trieren uns daher hier im Wesentlichen auf die zweite Möglichkeit, wo die optimale
Lösung am Rand liegt.

Wir betrachten zunächst ein einfaches Optimierungsproblem als Beispiel:

$$(P) \qquad \min_{(x_1,x_2)\in\mathbb{R}^2} \quad f(x_1, x_2) = 2x_1$$

$$\text{sodass} \quad x_1^2 + x_2^2 \le 1 \qquad (3.4)$$

Die Zielfunktion wird in Abb. 3.8 gezeigt. Es handelt sich um eine sehr einfache
Funktion. Diese hängt nur von x_1 ab und fällt, wenn wir x_1 verkleinern.

Betrachten wir nun den Konturenplot auf der rechten Seite. Wir sehen an den
parallelen Geraden deutlich, dass die Zielfunktion linear ist und sich nur bzgl. x_1
verändert. Zusätzlich haben wir hier auch den zulässigen Bereich eingezeichnet. Die
Ungleichung $x_1^2 + x_2^2 \le 1$ beschreibt einen Kreis mit Radius eins um den Ursprung.

Wie gehen wir nun vor, wenn wir geometrisch eine Lösung unseres Problems
suchen? Da die Zielfunktion fällt, wenn x_1 verkleinert wird, müssen wir möglichst
weit links nach einer optimalen Lösung $\vec{x}^*$ suchen. Dieses $\vec{x}^*$ muss aber zulässig
sein, d. h. wir dürfen den Kreis nicht verlassen. Wir finden schließlich in $(-1, 0)$

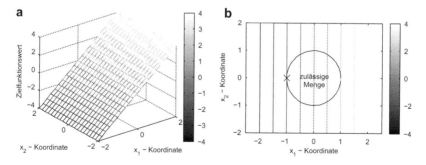

Abb. 3.8 Oberflächen- (**a**) und Konturenplot (**b**) von $f(x_1, x_2) = 2 \cdot x_1$

den Punkt, der am weitesten links liegt und gerade noch zulässig ist als optimale Lösung unseres Problems.

Wir fassen unsere Beobachtungen aus dem letzten Beispiel zusammen und können so eine optimale Lösung, die am Rand der zulässigen Menge liegt, charakterisieren:

In einer Randlösung können wir die Funktion nicht weiter verkleinern, ohne dass wir die zulässige Menge verlassen, d. h. wir finden keine zulässige Abstiegsrichtung mehr.

Im nächsten Schritt wollen wir diese Charakterisierung nun mathematisch durch Formeln beschreiben. Wir führen dazu zwei Begriffe ein: *Abstiegsrichtung* und *zulässige Richtung*.

Abstiegsrichtungen

Erinnern wir uns an die Richtungsableitung eines Skalarfeldes f (z. B. Heuser [2], Kap. 166). Falls dieses hinreichend glatt ist, können wir die Ableitung in Richtung $\vec{d} \in \mathbb{R}^n$ mithilfe des Gradienten wie folgt ausdrücken:

$$\frac{\partial f}{\partial \vec{d}}(\vec{x}) = \vec{d} \cdot \nabla f(\vec{x}),$$

wobei der Betrag von $\vec{d}$ eins sein muss, damit nur die Richtung in die Ableitung eingeht. Fällt nun unser Skalarfeld im Punkt $\vec{x}$ in Richtung $\vec{d}$, so ist diese Richtungsableitung negativ. Im Gegensatz dazu ist sie positiv, wenn die Funktion steigt. Ändert sich hingegen f nicht in Richtung $\vec{d}$, so ist die Richtungsableitung null. Wir definieren also:

Definition 3.11 *(Abstiegsrichtung)* Wir betrachten ein Skalarfeld $f : \mathbb{R}^n \to \mathbb{R}$, das hinreichend glatt sein soll. Wir bezeichnen dann $\vec{d} \in \mathbb{R}^n$ als Abstiegsrichtung im Punkt $\vec{x}_0 \in \mathbb{R}^n$, falls gilt:

$$\vec{d} \cdot \nabla f(\vec{x}_0) < 0.$$

Zulässige Richtungen für Ungleichungsbedingungen

Um eine zulässige Richtung mathematisch zu beschreiben, betrachten wir zunächst die Situation, die schematisch in Abb. 3.9 dargestellt wird. Wir gehen hierbei nur von einer Ungleichungsbedingung aus, die durch die Funktion g beschrieben wird. Die Situation bei Gleichungsbedingungen folgt im Anschluss.

Abb. 3.9 Die zulässige Menge $\mathcal{F}$ wird durch die Funktion g definiert. $\vec{d}$ ist eine zulässige Richtung

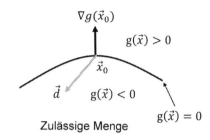

Nach der Standardformulierung für Optimierungsprobleme mit Nebenbedingungen (Def. 3.8), teilt g den $\mathbb{R}^n$ in drei Bereiche wie folgt auf:

- $g(\vec{x}) < 0$: zulässige Punkte im Inneren von $\mathcal{F}$.
- $g(\vec{x}) = 0$: Randpunkte, die gerade noch zulässig sind.
- $g(\vec{x}) > 0$: nicht zulässige Punkte, außerhalb des zulässigen Bereichs.

Wie können wir diese Beobachtung nutzen, um eine zulässige Richtung $\vec{d} \in \mathbb{R}^n$ zu definieren, in die wir gehen können, ohne dass wir den zulässigen Bereich $\mathcal{F}$ verlassen? Dazu stellen wir uns vor, dass wir uns im Randpunkt $\vec{x}_0$ befinden. Wir haben dann genau zwei mögliche, zulässige Richtungen, in die wir gehen können: entlang des Randes oder ins Innere des zulässigen Bereichs. Diese wollen wir nun getrennt etwas genauer betrachten:

- **Entlag des Randes:** Wir befinden uns in $\vec{x}_0$. Da es sich um einen Randpunkt handelt, gilt $g(\vec{x}_0) = 0$. Gehen wir nun in Richtung $\vec{d}$ entlag des Randes, ändert sich an dieser Tatsache nichts. Die Funktionswerte von g bleiben null. Daher verschwindet die Richtungsableitung in $\vec{x}_0$: $\vec{d} \cdot \nabla g(\vec{x}_0) = 0$.
- **Ins Innere:** Wieder gehen wir von $\vec{x}_0$ aus. Nach unseren Vorbetrachtungen wechselt g am Rand das Vorzeichen. Kommen wir von außen und gehen in die zulässige Menge $\mathcal{F}$, so ändert sich g von positiven zu negativen Werten. Betrachten wir also eine Richtung $\vec{d}$, die ins Innere von $\mathcal{F}$ zeigt, so muss im Randpunkt $\vec{x}_0$ die Funktion g in Richtung $\vec{d}$ fallen. Daher erhalten wir für die Richtungsableitung: $\vec{d} \cdot \nabla g(\vec{x}_0) < 0$.

Aus diesen Beobachtungen ergibt sich die folgende Definition:

Definition 3.12 *(Zulässige Richtung - Ungleichungen)* Wir nehmen an, dass der zulässige Bereich $\mathcal{F}$ durch eine Ungleichungbedingung definiert wird. Diese wird mathematisch durch die Funktion $g : \mathbb{R}^n \to \mathbb{R}$ beschrieben, die wieder genügend glatt ist. Dann können wir eine zulässige Richtung $\vec{d} \in \mathbb{R}^n$ im Randpunkt $\vec{x}_0$ durch die folgende Eigenschaft charakterisieren:

$$\vec{d} \cdot \nabla g(\vec{x}_0) \leq 0.$$

Zulässige Richtungen für Gleichungsbedingungen

Kommen wir nun zur Situation, wenn eine Gleichungsbedingung vorliegt (Abb. 3.10). Wieder soll $\vec{x}_0$ auf dem Rand liegen, d. h. es gilt $h(\vec{x}_0) = 0$. Geometrisch gesehen, wird die zulässige Menge $\mathcal{F}$ im Fall einer Gleichungsbedingung durch die „Höhenlinie" oder Konturlinie $h(\vec{x}) = 0$ definiert, daher gibt es kein Außen und Innen mehr. Die einzigen zulässigen Richtungen verlaufen demnach entlang der Konturen von h, da alle Bereiche außerhalb nicht zulässig sind. Für diese ändert sich der Funktionswert von h nicht, d. h. für die Richtungsableitung in $\vec{x}_0$ entlang einer solchen Richtung $\vec{d}$ gilt: $\vec{d} \cdot \nabla h(\vec{x}_0) = 0$. Wir definieren daher für Gleichungsbedingungen:

Definition 3.13 *(Zulässige Richtung - Gleichungen)* Wir nehmen an, dass der zulässige Bereich $\mathcal{F}$ durch eine Gleichungsbedingung definiert wird. Diese wird mathematisch durch die Funktion $h : \mathbb{R}^n \to \mathbb{R}$ beschrieben, die wieder genügend glatt ist. Dann können wir eine zulässige Richtung $\vec{d} \in \mathbb{R}^n$ im Randpunkt $\vec{x}_0$ durch die folgende Eigenschaft charakterisieren:

$$\vec{d} \cdot \nabla h(\vec{x}_0) = 0.$$

Abb. 3.10
Gleichungsbedingung, beschrieben durch h. $\vec{d}$ ist eine zulässige Richtung entlang der Kontur von h

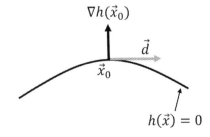

Zusammenfassung

Nachdem wir nun Abstiegsrichtungen und zulässige Richtungen definiert haben, können wir alles zusammenfassen: Wir hatten eine Randlösung $\vec{x}^*$ dadurch charakterisiert, dass wir in diesem Punkt keine zulässige Abstiegsrichtung mehr finden können. In Formeln ausgedrückt bedeutet dieses:

Für eine Randlösung $\vec{x}^*$ können wir keine Richtung $\vec{d} \in \mathbb{R}^n$ finden, welche gleichzeitig die folgenden Eigenschaften besitzt:

- **Abstiegsrichtung:** $\vec{d} \cdot \nabla f(\vec{x}_0) < 0$
- **Zulässige Richtungen:** $\vec{d} \cdot \nabla g_i(\vec{x}_0) \leq 0$ und $\vec{d} \cdot \nabla h_j(\vec{x}_0) = 0$.

Hierbei sind die Bedingungen für die zulässigen Richtungen für alle auftretenden Ungleichungs- und Gleichungsbedingungen $i = 1, 2, \ldots m$ und $j = 1, 2, \ldots p$ zu verstehen.

Diese Aussage bildet im Prinzip den Kern der KKT-Bedingungen. Um diese Bedingung nun vollständig herzuleiten, muss etwas, „mathematische Zauberei" angewendet werden: Die obige Aussage, dass für die gesuchte optimale Lösung $\vec{x}^*$ etwas nicht erfüllt, oder mathematisch ausgedrückt, nicht lösbar ist, ist nicht sehr praktisch und kann nur schlecht angewendet werden. Vielmehr hätten wir gerne eine positive Formulierung, d. h. wir hätten gerne eine Bedingung, die unser $\vec{x}^*$ eben gerade erfüllt.

Hier hilft das Farkas Lemma (vgl. Werner [3], Lemma 3.4). Dieses besagt im Prinzip, dass, wenn unser obiges Problem keine Lösung besitzt, wir dafür einen sogenannten KKT-Punkt $(\vec{x}^*, \vec{\lambda}^*, \vec{\mu}^*)$ finden können, welcher die folgende Gleichung erfüllt:

$$\nabla f(\vec{x}^*) + \sum_{i=1}^{m} \lambda_i^* \nabla g_i(\vec{x}^*) + \sum_{j=1}^{p} \mu_j^* \nabla h_j(\vec{x}^*) = \vec{0}. \tag{3.5}$$

Es muss zusätzlich noch $\lambda_i^* \geq 0$ für alle $i = 1, 2, \ldots m$ gelten. Die Parameter $\lambda_i^*, \mu_j^* \in \mathbb{R}$ werden oft als Lagrange'sche Multiplikatoren bezeichnet und stellen Hilfsgrößen dar.

Bedingung (3.5) liefert n Gleichungen zur Bestimmung von $\vec{x}^* \in \mathbb{R}^n$, $\vec{\lambda}^* \in \mathbb{R}^m$ und $\vec{\mu}^* \in \mathbb{R}^p$, da der Gradient bzgl. $\vec{x}^*$ n Komponenten besitzt. Wir müssen also feststellen, dass diese Bedingung alleine nicht ausreicht, um alle Größen (inkl. Hilfsgrößen) zu bestimmen, was aus Dimensionsgründen $n + m + p$ Gleichungen erfordern würde.

Da unsere optimale Lösung $\vec{x}^*$ natürlich auch zulässig sein muss, haben wir als weitere Bedingungen noch unsere Nebenbedingungen aus der Standardformulierung (Def. 3.8):

$$g_i(\vec{x}^*) \leq 0, \quad i = 1, 2, \ldots m$$
$$h_j(\vec{x}^*) = 0, \quad j = 1, 2, \ldots p.$$

Damit haben wir nun insgesamt $n + p$ Bestimmungsgleichungen, da die m Ungleichungen leider nicht zur Lösung verwendet werden können. Wir benötigen also m weitere Gleichungen, die mit den Ungleichungsbedingungen verknüpft sind. Hierzu verwendet man die sogenannten *Komplementaritätsbedingungen:*

$$\lambda_i^* \cdot g_i(\vec{x}^*) = 0, \quad i = 1, 2, \ldots m.$$

Was bedeuten diese zusätzlichen Gleichungen? Nach Voraussetzung sind alle $\lambda_i^* \geq 0$. Da $\vec{x}^*$ zulässig ist, gilt weiter $g_i(\vec{x}^*) \leq 0$. In diesem Fall fordern die Komplementaritätsbedingungen, dass immer ein Faktor null ist:

- $g_i(\vec{x}^*) = 0$, der Punkt $\vec{x}^*$ liegt auf einem Randstück, das durch g_i beschrieben wird. Wir sprechen in diesem Fall von einer *aktiven Nebenbedingung*.
- Ist die Nebenbedingung g_i nicht aktiv, d. h. $g_i(\vec{x}^*) < 0$, muss $\lambda_i^* = 0$ sein. Damit sind die Lagrange'schen Multiplikatoren ein Indikator dafür, ob eine Ungleichungsbedingung aktiv ist oder nicht.

Die Komplementaritätsbedingungen liefern m weitere Gleichungen, sodass wir nun $n + m + p$ Gleichungen zur Bestimmung der $n + m + p$ Parameter $\vec{x}^*$, $\vec{\lambda}^*$ und $\vec{\mu}^*$ gefunden haben. Diese fassen wir im Satz von Karush, Kuhn und Tucker zusammen:

Satz 3.14 (Satz von Karush, Kuhn und Tucker) *Ist der Punkt $\vec{x}^*$ ein lokales Minimum des Optimierungsproblems in Standardform*

$$(P) \quad \min_{\vec{x} \in \mathbb{R}^n} \ f(\vec{x})$$

$$sodass \quad g_i(\vec{x}) \leq 0 \ \ f\ddot{u}r \ i \in \{1, 2, \ldots, m\}$$
$$h_j(\vec{x}) = 0 \ \ f\ddot{u}r \ j \in \{1, 2, \ldots, p\}$$

und erfüllen $\vec{x}^*$ und die Funktionen gewisse Regularitätsvoraussetzungen, dann gibt es Lagrange'sche Multiplikatoren $\vec{\lambda}^* \in \mathbb{R}^m$ und $\vec{\mu}^* \in \mathbb{R}^p$, welche die folgenden KKT-Bedingungen erfüllen:

$$\nabla f(\vec{x}^*) + \sum_{i=1}^{m} \lambda_i^* \nabla g_i(\vec{x}^*) + \sum_{j=1}^{p} \mu_j^* \nabla h_j(\vec{x}^*) = \vec{0} \tag{3.6}$$

$$g_i(\vec{x}^*) \leq 0, \quad i = 1, 2, \ldots m \tag{3.7}$$

$$h_j(\vec{x}^*) = 0, \quad j = 1, 2, \ldots p \tag{3.8}$$

$$\lambda_i^* \geq 0, \quad i = 1, 2, \ldots m \tag{3.9}$$

$$\lambda_i^* g_i(\vec{x}^*) = 0, \quad i = 1, 2, \ldots m. \tag{3.10}$$

Wir sprechen in diesem Fall von einem KKT-Punkt $(\vec{x}^*, \vec{\lambda}^*, \vec{\mu}^*)$.

Bevor wir den Satz etwas genauer analysieren und im nächsten Abschnitt auf praktische Probleme anwenden, einige Bemerkungen:

Bemerkung 3.15

i) KKT-Punkte $(\vec{x}^*, \vec{\lambda}^*, \vec{\mu}^*)$ sind anlog zu den kritischen Punkten mögliche Lösungskandidaten. Da der Satz von KKT nur ein notwendiges Kriterium liefert, müssen wir zum einen erst einmal nachprüfen, ob überhaupt ein lokales Minimum vorliegt und anschließend, falls mehrere Minima existieren, aus diesen die globalen Minima heraussuchen.

ii) Es existiert auch ein hinreichendes Optimalitätskriterium 2. Ordnung, welches die zweiten Ableitungen der Funktionen f, g_i und h_j verwendet. Hierzu verweisen wir z. B. auf Forst und Hoffmann [4], Abschn. 2.3.

iii) Einen Spezialfall bilden konvexe Optimierungsprobleme. In diesem Fall ist jeder KKT-Punkt automatisch ein globales Minimum, d. h. unser notwendiges Kriterium ist gleichzeitig auch hinreichend. Wir sprechen von konvexen Problemen, falls die Funktionen f und g_i konvex sind und die Gleichungsbedingungen affin linear, was bedeutet, dass sie in der Form $A\vec{x} = \vec{b}$ geschrieben werden können, wobei $A \in \mathbb{R}^{p \times n}$ eine Matrix ist und $\vec{b} \in \mathbb{R}^p$ die rechte Seite bildet.

iv) Wir haben im Satz von „gewissen Regularitätsbedingungen" gesprochen, welche die auftretenden Funktionen f, g_i und h_j und der Punkt $\vec{x}^*$ erfüllen müssen. Die Funktionen müssen im Wesentlichen einmal stetig differenzierbar sein. Der Punkt muss eine sogenannte „constraint qualification" erfüllen. Hier existieren mehrere mögliche Bedingungen, auf die wir jedoch in unserer kurzen Einführung *nicht weiter eingehen wollen. Wir verweisen z. B. auf Forst und Hoffmann [4], Abschn. 2.2.*

Wie passt der Satz nun zu unserer Ausgangsüberlegung, dass eine optimale Lösung immer entweder ein lokales Minimum im Innern oder ein Randpunkt ist? Betrachten wir eine optimale Lösung $\vec{x}^*$, die im Innern liegt. Dann sind alle Ungleichungsrestriktionen mit „kleiner " erfüllt. Nach (3.10) gilt dann $\lambda_i^* = 0$. Damit fällt in (3.6) die Summe mit den Gradienten ∇g_i weg. Weiter entfällt die Summe über die Gleichungsbedingungen, da innere Punkte nur existieren, wenn keine Gleichungsbedingungen vorliegen. Demnach bleibt lediglich $\nabla f(\vec{x}^*) = 0$ übrig, was unserem notwendigen Kriterium für Minima aus Satz 3.4 entspricht.

3.2.2 Anwendung

Der Satz von Karush, Kuhn und Tucker (Satz 3.14) liefert ein notwendiges Kriterium, mit dem wir KKT-Punkte $(\vec{x}^*, \vec{\lambda}^*, \vec{\mu}^*)$ - die kritischen Punkte in der Optimierung mit Nebenbedingungen - bestimmen können. Etwas genauer suchen wir $\vec{x}^* \in \mathbb{R}^n$ und zwei Hilfsgrößen, die Lagrange'schen Multiplikatoren $\vec{\lambda}^* \in \mathbb{R}^m$ und $\vec{\mu}^* \in \mathbb{R}^p$. Dazu verwenden wir die folgenden Bedingungen:

$$\nabla f(\vec{x}^*) + \sum_{i=1}^{m} \lambda_i^* \nabla g_i(\vec{x}^*) + \sum_{j=1}^{p} \mu_j^* \nabla h_j(\vec{x}^*) = \vec{0} \qquad (3.11)$$

$$g_i(\vec{x}^*) \leq 0, \quad i = 1, 2, \ldots m \qquad (3.12)$$

$$h_j(\vec{x}^*) = 0, \quad j = 1, 2, \ldots p \qquad (3.13)$$

$$\lambda_i^* \geq 0, \quad i = 1, 2, \ldots m \qquad (3.14)$$

$$\lambda_i^* g_i(\vec{x}^*) = 0, \quad i = 1, 2, \ldots m \qquad (3.15)$$

Hierbei entsprechen die Bedingungen (3.12) und (3.13) unseren Nebenbedingungen und stellen sicher, dass unser $\vec{x}^*$ auch zulässig ist. Die anderen Forderungen ergänzen die bekannte, notwendige Bedingung $\nabla f(\vec{x}^*) = \vec{0}$.

Im Folgenden wollen wir zwei Beispiele betrachten und erläutern, wie wir mithilfe der KKT-Bedingungen, Lösungskandidaten für unser Optimierungsproblem in Standardform (vgl. Definition 3.8) bestimmen können.

Beispiel 1: Wir betrachten folgendes Optimierungsproblem:

$$(P_1) \qquad \min_{(x_1,x_2)\in\mathbb{R}^2} \quad f(x_1,x_2) = 3x_1 + 2x_2$$

$$\text{sodass} \quad 3x_1^2 + x_2^2 - 7 = 0$$

Es liegen keine Ungleichungsbedingungen vor, d. h. in allen Termen entfallen die Ausdrücke mit g_i, insbesondere entfallen die Bedingungen (3.12), (3.14) und (3.15). Für die erste KKT-Bedingung (3.11) benötigen wir die Gradienten der Zielfunktion f und der Gleichungsbedingung h:

$$\nabla f(\vec{x}) = \begin{pmatrix} 3 \\ 2 \end{pmatrix} \quad \text{und} \quad \nabla h(\vec{x}) = \begin{pmatrix} 6x_1 \\ 2x_2 \end{pmatrix}.$$

Setzen wir nun alles in die Bedingungen (3.11) und (3.13) ein, so erhalten wir die folgenden Bestimmungsgleichungen:

$$\begin{pmatrix} 3 \\ 2 \end{pmatrix} + \mu \begin{pmatrix} 6x_1 \\ 2x_2 \end{pmatrix} = \begin{pmatrix} 0 \\ 0 \end{pmatrix}$$
$$3x_1^2 + x_2^2 - 7 = 0$$

Aus der ersten Vektorgleichung folgt sofort wegen des konstanten Gradienten von f, dass $\mu \neq 0$ ist. Wir können dann diese Gleichung komponentenweise betrachten und nach x_1 und x_2 auflösen:

$$3 + 6\mu x_1 = 0 \quad \Leftrightarrow \quad x_1 = -\frac{1}{2\mu} \tag{3.16}$$

$$2 + 2\mu x_2 = 0 \quad \Leftrightarrow \quad x_2 = -\frac{1}{\mu}. \tag{3.17}$$

Diese beiden Ausdrücke setzen wir in die Gleichungsbedingung ein und erhalten so Werte für μ:

$$3x_1^2 + x_2^2 - 7 = 0 \quad \Leftrightarrow \quad 3\left(-\frac{1}{2\mu}\right)^2 + \left(-\frac{1}{\mu}\right)^2 = 7 \quad \Leftrightarrow \quad \mu^2 = \frac{1}{4}$$

Ziehen wir die Wurzel, so ergeben sich die beiden Werte $\mu = \pm 1/2$. Setzen wir diese in (3.16) und (3.17) ein, finden wir für x_1 und x_2:

$$\vec{x}^* = (-1, -2) \quad \text{und} \quad \vec{x}^* = (1, 2).$$

Um zu entscheiden, welcher der beiden Punkte unsere optimale Lösung ist, berechnen wir die Zielfunktionswerte:

$$f(-1, -2) = -7 \quad \text{und} \quad f(1, 2) = 7,$$

womit schließlich $(-1, -2)$ die optimale Lösung unseres Problems ist.

Beispiel 2: Im zweiten Beispiel betrachten wir ein Optimierungsproblem, welches sowohl Ungleichungs-, als auch Gleichungsbedingungen besitzt:

$$(P_2) \qquad \min_{(x_1, x_2) \in \mathbb{R}^2} \quad f(x_1, x_2) = 2x_1$$

$$\text{sodass} \quad x_1^2 + x_2^2 - 1 \leq 0$$

$$-x_1 + x_2 = 0$$

Wir berechnen zunächst die Gradienten:

$$\nabla f(\vec{x}) = \begin{pmatrix} 2 \\ 0 \end{pmatrix}, \quad \nabla g(\vec{x}) = \begin{pmatrix} 2x_1 \\ 2x_2 \end{pmatrix} \quad \text{und} \quad \nabla h(\vec{x}) = \begin{pmatrix} -1 \\ 1 \end{pmatrix}$$

Die erste KKT-Bedingung (3.11) liefert dann:

$$\begin{pmatrix} 2 \\ 0 \end{pmatrix} + \lambda \begin{pmatrix} 2x_1 \\ 2x_2 \end{pmatrix} + \mu \begin{pmatrix} -1 \\ 1 \end{pmatrix} = \begin{pmatrix} 0 \\ 0 \end{pmatrix}. \tag{3.18}$$

Auf diese Gleichung kommen wir später zurück. Zunächst können wir die Gleichungsbedingung nutzen, um eine Variable zu eliminieren:

$$-x_1 + x_2 = 0 \quad \Rightarrow \quad x_1 = x_2.$$

Wir wollen nun zeigen, dass die gesuchte Lösung auf dem Rand liegen muss. Dazu machen wir eine Fallunterscheidung und betrachten zunächst $\lambda = 0$. Setzen

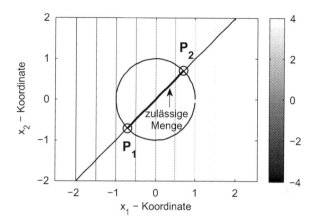

Abb. 3.11 Konturplot der Zielfunktion, der zulässigen Menge und der Lösung aus Beispiel 2

wir dieses in (3.18) ein, so ergibt Auflösen nach μ einen Widerspruch: Nach der ersten Gleichung ist $\mu = 2$ und aus der zweiten Gleichung erhalten wir $\mu = 0$. Daher wissen wir nun, dass $\lambda \neq 0$ ist, woraus nach (3.15) $g(\vec{x}^*) = 0$ folgt. Daher liegt die Lösung auf dem Rand, d. h. die Ungleichungsbedingung wird mit dem Gleichheitszeichen erfüllt. Dieses ergibt mit $x_1 = x_2$:

$$(x_1)^2 + (x_2)^2 - 1 = 0 \quad \Rightarrow \quad 2(x_1)^2 = 1 \quad \Rightarrow \quad x_1 = \pm\sqrt{1/2}.$$

Wir finden also wieder zwei mögliche Lösungen: $P_1 = (-\sqrt{1/2}, -\sqrt{1/2})$ und $P_2 = (\sqrt{1/2}, \sqrt{1/2})$. Diese setzen wir in (3.18) ein, um die fehlenden Multiplikatoren λ und μ zu berechnen. Lösen wir das entsprechende lineare Gleichungssystem für P_1, erhalten wir $\lambda = \sqrt{1/2}$ und $\mu = 1$. Damit kommt P_1 als Lösung in Frage, da $\lambda \geq 0$ ist. Für P_2 ergibt sich analog $\lambda = -\sqrt{1/2}$ und $\mu = 1$, womit P_2 als Lösung ausscheidet.

In Abb. 3.11 zeigen wir den Konturplot der Zielfunktion. Die zulässige Menge besteht genau aus dem Stück der Geraden (Gleichungsbedingung), welches im Kreis liegt (Ungleichungsbedingung). Unsere möglichen Lösungen sind die beiden Schnittpunkte des Kreisrandes mit der Geraden (markiert durch Kreise). Da die Zielfunktion nach links fällt, handelt es sich bei P_1 tatsächlich um das gesuchte Minimum. Bei P_2 liegt hingegen ein Maximum vor.

Mehrkriterielle Optimierung

4

In den letzten Kapiteln haben wir immer nur bzgl. einer Zielfunktion optimiert. In der Praxis genügt dieses jedoch oft nicht, da wir es in der Regel mit mehreren Zielen zu tun haben, welche gleichzeitig optimiert werden sollen. Typischerweise sind diese Ziele konkurrierend, d. h. verkleinern wir eine Größe, so wachsen andere Zielgrößen gleichzeitig.

Stellen wir uns zum Beispiel vor, dass wir ein Handy kaufen wollen. Dieses soll möglichst gute Eigenschaften besitzen. Andererseits soll es aber auch nicht zu teuer sein. Üblicherweise sind diese beiden Forderungen konkurrierend, da ein Handy mit besseren Eigenschaften gleichzeitig auch teurer wird.

Ein weiteres Beispiel ist ein Prozess in der Industrie. Dieser soll möglichst effektiv und schnell, gleichzeitig jedoch auch umweltfreundlich und kostengünstig ablaufen. Auch diese Forderungen sind gegensätzlich und nicht gleichzeitig bestmöglich zu erfüllen.

An diesen Beispielen sehen wir schon, dass es im Prinzip unmöglich ist, alle Ziele gleichzeitig zu minimieren. Wir müssen Kompromisse schließen, um zu einer Lösung zu gelangen. Dieses wird in der Optimierung als *Entscheidungsfindung* bezeichnet (engl. decision making). Bei diesem Prozess wird eine „gute Lösung" unter vielen „Alternativen" ausgewählt. Die Lösung eines Optimierungsproblems mit mehreren Zielfunktionen teilt sich also prinzipiell in zwei Bereiche: dem Bereitstellen der Lösungsalternativen und der Entscheidungsfindung. Die Aufgabe des Projektmitarbeiters besteht typischerweise aus dem ersten Teil. Die subjektive Entscheidungsfindung wird dann oft der Chefin oder den Kunden überlassen. Daher beschränkt sich unsere Darstellung in diesem Kapitel auf die Charakterisierung, Identifikation und Berechnung der Lösungsalternativen.

Wir beginnen im folgenden Abschnitt wieder mit zwei kleinen Einführungsbeispielen, welche die Unterschiede zu unseren vorherigen Problemen illustrieren sollen und gleichzeitig als Motivation für die folgenden Abschnitte dienen. An-

© Springer Fachmedien Wiesbaden GmbH 2017
M. Pieper, *Mathematische Optimierung, essentials,*
DOI 10.1007/978-3-658-16975-6_4

schließend geben wir die mathematische Formulierung an und diskutieren als Lösungsverfahren die Methode der gewichteten Summe.

Die Namensgebung in diesem Bereich der Optimierung ist nicht ganz einheitlich. Wir sprechen von „Mehrkriterieller Optimierung", wenn wir mehr als eine Zielfunktion vorliegen haben. Es existieren aber auch die Bezeichnungen „Mehrzieloptimierung", „Vektoroptimierung" oder „Pareto-Optimierung". Als Literatur zu diesem speziellen Thema empfehle ich z. B. Ehrgott [5] oder Miettinen [6].

4.1   Einführungsbeispiele

Obwohl wir in diesem *essential* eigentlich immer kontinuierliche Probleme betrachten, beginnen wir zur Illustration mit einem praktischen Beispiel zur Entscheidungsfindung, welches diskret ist, d. h. es liegen nur endlich viele, diskrete Datenpunkte vor. Anschließend betrachten wir ein „künstliches", mathematisches Beispiel ohne Praxisbezug, mit welchem wir die Beobachtungen aus dem ersten Beispiel auf kontinuierliche Probleme übertragen wollen.

4.1.1   Kauf eines Mikrocontrollers

Wir stellen uns vor, dass wir für eine Anwendung einen Mikrocontroller kaufen wollen. Dieser soll einerseits möglichst klein sein, andererseits sollte er natürlich günstig sein. In Tab. 4.1 werden alle infrage kommenden Controller mit den beiden Eigenschaften „Preis" und „Fläche" aufgelistet. Wir sehen, dass in der Regel, ein Mikrocontroller mit einer kleineren Fläche auch teurer ist. Daher müssen wir einen Kompromiss schließen.

Um uns die Entscheidung zu vereinfachen, haben wir alle Varianten aus Tab. 4.1 in Abb. 4.1 geplottet. Solche Darstellungen, bei denen die Zielfunktionen auf den Achsen abgetragen werden, sind sehr nützlich und werden oft in der mehrkriteriellen

Tab. 4.1 Eigenschaften der Mikrocontroller

Kriterien	Controller 1	Controller 2	Controller 3	Controller 4
Preis in Euro	20,08	16,71	17,98	16,40
Fläche in cm^2	48	134,64	210,37	279,68

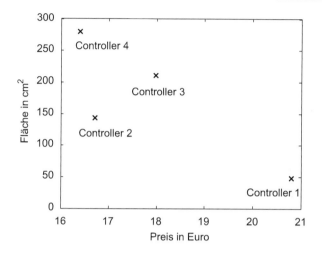

Abb. 4.1 Übersicht zu den Kriterien „Preis" und „Fläche" für alle vier Controller

Optimierung angewendet. Wichtig ist hierbei, dass wir nie die freien Optimierungsparameter und die Zielfunktionswerte durcheinander werfen.

Betrachten wir die Abbildung, so sehen wir sofort, dass Controller 3 keine gute
Alternative ist und daher nicht infrage kommt. Dieses liegt daran, dass es zu jeder
Eigenschaft mindestens einen Controller gibt, der besser ist. So sind die Controller
2 und 4 günstiger (weiter links) und Controller 1 und 2 besitzen eine kleinere Fläche
(weiter unten).

Betrachten wir die anderen Controller, so ist es nun Geschmacksache, welchen
wir auswählen. So besitzt Controller 4 die größte Fläche, ist dafür aber am güns-
tigsten. Controller 1 ist die kleinste, aber auch teuerste Variante.

Es scheint so, als wenn Controller 2 das Rennen machen würde. Aber auch bei
diesem können wir jeweils eine andere Variante finden, die mindestens in einer
Zielgröße besser ist. So ist Controller 4 günstiger und Controller 1 kleiner.

Dieses kleine Beispiel demonstriert recht anschaulich, dass wir unter allen vier
Varianten drei ausgezeichnete Varianten haben, die für unsere Belange „günstig"
sind. Es handelt sich hierbei um die Controller 1,2 und 4. Jedoch können wir unter
diesen keinen eindeutigen Sieger ausmachen. Es kommt ganz darauf an, welche
Zielgröße uns wichtiger ist. An diesem Punkt kommt dann die subjektive Meinung
des Entscheiders zu tragen. Unsere Aufgabe, als Projektmitarbeiterin ist damit getan,

die drei „günstigen Alternativen" zur Auswahl zu stellen und den „ungünstigen"
Controller 3 auszusortieren.

4.1.2 Optimierung mit zwei Zielfunktionen

Um unser Verständnis für „gute Alternativen" zu vertiefen, betrachten wir nun ein
abstraktes, mathematisches Beispiel. Wir wollen die beiden Zielfunktionen

$$f_1(\vec{x}) = x_1 \quad \text{und} \quad f_2(\vec{x}) = x_2 , \quad \vec{x} \in \mathbb{R}^2 .$$

minimieren. Dabei stellen wir die folgenden Nebenbedingungen an unsere freien
Optimierungsparameter x_1 und x_2:

$$(x_1 - 1)^2 + (x_2 - 1)^2 \le 1 , \quad 0 \le x_1, x_2 \le 1 .$$

Die erste Bedingung beschreibt einen Kreis um den Punkt $(1, 1)$ mit Radius eins.
In der zweiten Bedingung fordern wir, dass x_1 und x_2 zwischen null und eins liegen
sollen. Damit ergibt sich insgesamt ein Viertelkreis als zulässige Menge $\mathcal{F}$.

Um nun die „guten Alternativen" zu finden, erinnern wir uns an das erste Beispiel.
Hier haben wir die möglichen Zielfunktionswerte geplottet. Wir gehen also analog
vor: Wir bestimmen zunächst das Bild Y des zulässigen Bereichs $\mathcal{F}$ bzgl. unserer
beiden Zielfunktionen:

$$f(x_1, x_2) := (f_1(x_1, x_2) , f_2(x_1, x_2)) \quad \Rightarrow \quad Y := f(\mathcal{F}) .$$

Da in unserem speziellen Fall die Zielfunktionen f_1 und f_2 besonders einfach
sind, es handelt sich bei f um die Identitätsabbildung, können wir das Bild Y
leicht bestimmen. Wir erhalten wieder einen Viertelkreis mit Mittelpunkt $(1, 1)$ und
Radius eins.

Das Bild Y der zulässigen Menge wird in Abb. 4.2 gezeigt. Wieder weisen wir
darauf hin, dass wir auf den Achsen die Zielfunktionswerte für f_1 und f_2 abtragen.
Die zugehörigen Optimierungsparameter x_1 und x_2 werden nicht gezeigt und sind
für diese Art der Betrachtung auch irrelevant.

Im vorherigen Beispiel hatten wir die Controller 1, 2 und 4 als „gute Alternativen"
identifiziert, da es bei ihnen im Gegensatz zum Controller 3 keine Variante gibt,
welche bzgl. beider Eigenschaften besser ist.

Abb. 4.2 Bild Y der zulässigen Menge $\mathcal{F}$ und „gute" Alternativen

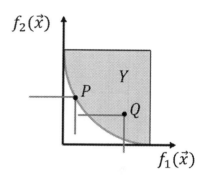

Im mathematischen Beispiel bilden alle Punkte des Viertelkreisrandes die „guten Alternativen", da es analog für all diese Punkte keinen Punkt gibt, der bzgl. aller Zielfunktionswerte kleiner ist.

Um dieses besser zu verdeutlichen, betrachten wir den Punkt P in Abb. 4.2. Verbessern wir einen Zielfunktionswert, z. B. f_1, indem wir weiter nach links gehen. Automatisch rutscht dann P hoch entlang des Kreisrandes, um zulässig zu bleiben, und wird schlechter bzgl. f_2.

Zur weiteren Verdeutlichung haben wir unter dem Punkt P einen Kegel eingezeichnet, dessen Grenzflächen parallel zu den Zielfunktionsachsen sind. In diesem Kegel liegen alle Punkte, bei denen beide Funktionswerte kleiner sind als die entsprechenden Werte für P. Da dieser Kegel keine Punkte enthält, die gleichzeitig zulässig sind, handelt es sich bei P um eine „gute Lösung". Wir können P nicht verbessern, ohne mindestens einen Zielfunktionswert zu verschlechtern.

Betrachten wir als Gegensatz den Punkt Q, der nicht auf dem Kreisrand liegt. Auch hier haben wir einen entsprechenden Kegel eingezeichnet. Da dieser viele zulässige Punkte enthält, kann es sich bei Q um keine „gute Alternative" handeln, da wir Q bzgl. aller Zielfunktionen verbessern können. Wir können Q, ähnlich wie den Controller 3, aussortieren.

Wir sehen also auch in diesem Beispiel, dass wir keine eindeutige Lösung finden. Wir können nur eine ganze Menge (den Viertelkreisrand) von „guten Alternativen" angeben, zu denen wir keine weitere Lösung finden können, die bzgl. aller Kriterien günstiger ist. Wieder ist nun die Entscheiderin gefragt, eine finale Lösung aus den von uns angebotenen Alternativen, auszuwählen.

4.2   Mathematische Beschreibung

Wie in den anderen Abschnitten zur Optimierungstheorie, müssen wir zunächst einmal eine Standardform für ein mehrkriterielles Optimierungsproblem definieren:

Definition 4.1 *(Mehrkriterielles Optimierungsproblem)* Die Standardform eines mehrkriteriellen Optimierungsproblems lautet

$$(P) \quad \min_{\vec{x} \in \mathbb{R}^n} \; f(\vec{x}) = (f_1(\vec{x}), \; f_2(\vec{x}), \; \dots f_k(\vec{x}))$$

$$\text{sodass} \quad \vec{x} \in \mathcal{F}.$$

Hierbei bezeichnen wir mit

$$\mathcal{F} := \{\vec{x} \in \mathbb{R}^n \; : \; g_i(\vec{x}) \leq 0, \; i = 1, 2, \dots m, \; h_j(\vec{x}) = 0, \; j = 1, 2, \dots, p\} \subset \mathbb{R}^n$$

wieder die Menge der zulässigen Lösungen, die wie üblich durch Ungleichungen und Gleichungen definiert wird.

Betrachten wir die Zielfunktion f. Diese besteht aus k Komponenten $f_i(\vec{x})$, $i = 1, 2, \dots k$. Diese sind die k Einzelzielfunktionen, die wir simultan minimieren wollen. Es liegen wieder n freie Optimierungsparameter vor, die wir im Vektor $\vec{x} \in \mathbb{R}^n$ zusammenfassen. Wie schon in den Beispielen bezeichnen wir mit $Y := f(\mathcal{F})$ das Bild der zulässigen Menge unter unserer Zielfunktion.

Im nächsten Schritt wollen wir nun genauer definieren, was wir unter den „guten Kompromisslösungen" verstehen, die wir in den Beispielen gefunden haben. Diese waren dadurch charakterisiert, dass für jeden „guten Kompromiss" $\vec{x}^*$ kein zulässiges $\vec{x} \in \mathcal{F}$ existiert, sodass $f(\vec{x}) \leq f(\vec{x}^*)$. Das „kleiner gleich"-Zeichen ist hierbei komponentenweise zu verstehen, d. h. es gilt für alle $i = 1, 2, \dots k$: $f_i(\vec{x}) \leq f_i(\vec{x}^*)$. Geometrisch äußerte sich dieses dadurch, dass der zugehörige Kegel, dessen Seiten parallel zu den Zielfunktionsachsen waren, keine zulässigen Punkte enthält.

Definition 4.2 *(Pareto-optimale Lösung)* Eine zulässige Lösung $\vec{x}^* \in \mathcal{F}$ heißt Pareto-optimal oder effizient, wenn keine andere zulässige Lösung $\vec{x} \in \mathcal{F}$ existiert, sodass $f(\vec{x}) \leq f(\vec{x}^*)$ ist. Die Funktionswerte $f(\vec{x}^*)$ aller Pareto-optimalen Punkte bilden die sogenannte Paretomenge.

Diese Definition geht zurück auf den italienischen Ingenieur, Soziologen und Ökonomen Vilfredo Pareto (1848–1923), der sich als erster mit Pareto-Optimalität befasst hat. Bei Ehrgott [5], Abschn. 2.1 oder Miettinen [6], Abschn. 2.2 werden weitere, äquivalente Definitionen für Pareto-Optimalität angegeben, die wir hier aber nicht diskutieren wollen. Unsere Aufgabe besteht nun darin alle Pareto-optimalen Lösungen zu finden, d. h. die Paretomenge zu bestimmen.

4.3 Lösungsmethode: gewichtete Summe

Wie können wir die Paretomenge ganz konkret bestimmen? Leider ist dieses in der Praxis nicht so einfach möglich, wie wir es in unseren Beispielen gemacht haben. Insbesondere beim mathematischen Beispiel war dieses nur möglich, da die Zielfunktion sehr einfach war.

Wir finden in der Literatur viele unterschiedliche Möglichkeiten, die Paretomenge - zumindest teilweise - zu berechnen. Hierzu verweisen wir wieder auf Ehrgott [5] und Miettinen [6].

Wir fokussieren uns hier auf eine der bekanntesten und am leichtesten anzuwendenden Methode, nämlich die Methode der gewichteten Summe. Dieses Verfahren liefert Teile der Paretomenge, aus denen anschließend der Entscheider auswählen kann.

Die Grundidee besteht darin, jeder Einzelzielfunktion f_i einen Gewichtungsfaktor ω_i zuzuordnen. Anschließend summieren wir die Produkte $\omega_i \cdot f_i(\vec{x})$ und minimieren die Summe. Dahinter steckt der Gedanke, dass die Gewichte in gewisser Weise die Wichtigkeit der Einzelzielfunktionen repräsentieren. Bekommt eine Funktion ein größeres Gewicht als eine andere, dann wird ihr Wert bei der Optimierung stärker berücksichtigt.

Bevor wir diese Methode weiter analysieren, ein kleiner Hinweis: In vielen Veröffentlichungen wird die Methode der gewichteten Summe verwendet. Jedoch werden hier vorher die Gewichte nach den entsprechenden Vorstellungen an die Einzelzielfunktionen festgelegt. Dieses liefert am Ende nur *eine* Pareto-optimale Lösung. Wir hingegen werden die Gewichte variieren und sehen, dass jeder Satz von neuen Gewichten eine neue Pareto-optimale Lösung ergibt. Hierdurch haben wir die Freiheit für die Entscheiderin erhalten, anschließend aus den Alternativen wählen zu können, was bei vorher festgelegten Gewichten nicht der Fall ist.

Kommen wir nun zurück zur Methode der gewichteten Summe. Wir betrachten also folgendes Optimierungsproblem:

$$(P) \quad \min_{\vec{x} \in \mathbb{R}^n} \sum_{i=1}^{k} \omega_i \, f_i(\vec{x})$$

$$\text{sodass} \quad \vec{x} \in \mathcal{F}.$$

Für die Gewichte gilt $\omega_i \geq 0$ und üblicherweise werden sie auf eins normiert:

$$\sum_{i=1}^{k} \omega_i = 1.$$

Um die folgenden theoretischen Ergebnisse zur Methode der gewichteten Summe besser verstehen zu können, geben wir zunächst eine geometrische Interpretation des Verfahrens an.

Betrachten wir das Problem wieder im Raum der Zielfunktionen. Hier definiert die gewichtete Summe

$$g(\vec{x}) = \sum_{i=1}^{k} \omega_i \, f_i(\vec{x})$$

eine Ebene mit Normalenvektor $\vec{\omega} = (\omega_1, \omega_2, \ldots \omega_k)$. Minimieren wir nun g, so bedeutet dieses geometrisch, dass wir die Ebene so weit wie möglich, um noch zulässig zu bleiben, nach links unten zum Ursprung des Koordinatensystems verschieben. Ändern wir nun die Gewichte, so ändern wir den Normalenvektor und erhalten so verschiedene Ebenen. Jede Ebene liefert auf diese Art einen anderen Punkt der Paretomenge.

Die Situation wird in Abb. 4.3 dargestellt. Wir haben zu zwei verschiedenen Gewichtsvektoren $\vec{\omega}$ jeweils die zugehörigen Ebenen im Zielfunktionsraum eingezeichnet und so weit wie möglich nach links unten verschoben. Die so erhaltenen Schnittpunkte mit dem Bild der zulässigen Lösungen sind Pareto-optimale Punkte, d. h. liegen in der Paretomenge.

Diese geometrische Interpretation suggeriert, dass wir auf diese Art und Weise immer Pareto-optimale Lösungen erhalten. Ist dieses tatsächlich der Fall? Was sagen die Mathematiker hierzu? Die Antwort gibt der nächste Satz (vgl. Miettinen [6], Abschn. 3.1.1):

Satz 4.3 *Die Methode der gewichteten Summe liefert Pareto-optimale Lösungen falls eine der beiden folgenden Bedingungen erfüllt ist:*

i) *alle Gewichte sind positiv $\omega_i > 0$, $i = 1, 2, \ldots, k$.*

ii) *das Optimierungsproblem zur gewichteten Summe besitzt genau eine eindeutige Lösung.*

Abb. 4.3 Zwei verschiedene Gewichtsvektoren definieren unterschiedliche Ebenen. Die Schnittpunkte mit der zulässigen Menge liegen in der Paretomenge

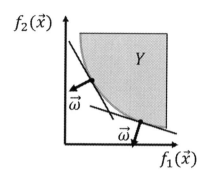

Wir wissen also nun, unter welchen Bedingungen wir Pareto-optimale Lösungen erhalten. Unser Ziel ist es dann, durch Variation der Gewichte immer mehr Punkte zu bestimmen, um so eine Approximation an die Paretomenge zu erhalten. Aber können wir auf diese Art wirklich alle Paretolösungen berechnen? Oder gibt es Lösungen, die wir mit dieser Methode nicht erhalten können?

Der folgende Satz sagt aus, dass dieses nur im wichtigen Spezialfall möglich ist, nämlich wenn das Optimierungsproblem konvex ist. Dieses ist der Fall, wenn alle Zielfunktionen f_i und alle Funktionen g_i der Ungleichungsbedingungen konvex sind. Weiter dürfen die Gleichungsbedingungen nur affin linear sein, d. h. von der Form $A\vec{x} = \vec{b}$, wobei A eine Matrix ist und der Vektor $\vec{b}$ die rechte Seite liefert.

Satz 4.4 *Falls das mehrkriterielle Optimierungsproblem konvex ist, können wir für jeden Pareto-optimalen Punkte $\vec{x}^*$ einen Gewichtsvektor $\vec{\omega}$ mit*

$$\omega_i \geq 0,\ i = 1, 2, \ldots, k \quad und \quad \sum_{i=1}^{k} \omega_i = 1$$

finden, sodass $\vec{x}^*$ Lösung des zugehörigen Optimierungsproblems für die gewichtete Summe ist.

Die Aussage dieses Satzes wollen wir anhand eines Gegenbeispiels illustrieren: Es kann gezeigt werden, dass für konvexe Optimierungsprobleme die Paretomenge ebenfalls konvex ist. Wir betrachten daher nun eine nicht konvexe Paretomenge, um zu zeigen, dass wir in diesem Fall mithilfe der gewichteten Summe nicht alle Paretopunkte erreichen können.

Abb. 4.4 Nicht konvexe
Paretomenge. Punkt P_1
kann erreicht werden, P_2
nicht

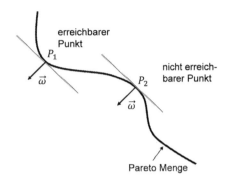

Ein Beispiel hierfür wird in Abb. 4.4 gezeigt. Die Punkte P_1 und P_2 liegen beide in der nicht konvexen Paretomenge, d. h. sie sind Pareto-optimale Lösungen. Weiter haben wir die zugehörigen Ebenen, deren Normalenvektor durch den Gewichtsvektor $\vec{\omega}$ gegeben wird, eingezeichnet. Wir beobachten, dass zu beiden Punkten der gleiche Normalenvektor gehört, d. h. die Ebenen sind parallel. Schieben wir nun die Ebene möglichst weit nach links unten, so können wir, wenn wir P_2 erreicht haben, die Ebene noch weiter schieben, da wir noch P_1 als zulässige Lösung erreichen. Das bedeutet, dass P_1 mithilfe der Methode der gewichteten Summe erreicht werden kann. Allerdings können wir P_2 nie als Lösung der gewichteten Summe erhalten.

Anwendungsbeispiel:
Wir betrachten das folgende mehrkriterielle Optimierungsproblem

$$(P) \quad \min_{\vec{x} \in \mathbb{R}^2} \; f(x_1, x_2) = (x_1, x_2)$$

$$\text{sodass} \;\; (x_1 - 1)^2 + (x_2 - 1)^2 \le 1.$$

Wenden wir die Methode der gewichteten Summe an, so erhalten wir das Optimierungsproblem:

$$(P) \quad \min_{\vec{x} \in \mathbb{R}^2} \; g(x_1, x_2) = \omega_1 x_1 + \omega_2 x_2$$

$$\text{sodass} \;\; (x_1 - 1)^2 + (x_2 - 1)^2 - 1 \le 0.$$

Wir variieren nun die Gewichte ω_1 und ω_2 und lösen die zugehörigen Optimierungsprobleme, indem wir z. B. den Satz von von KKT (Satz 3.14) anwenden.

Tab. 4.2 Pareto-optimale Lösungen für unterschiedliche Gewichte

ω_1	0.5	0.1	0.9	0.25	0.75
ω_2	0.5	0.9	0.1	0.75	0.25
x^*	(0.29,0.29)	(0.89,0.01)	(0.01,0.89)	(0.68,0.05)	(0.05,0.68)

Abb. 4.5 Paretomenge und die berechneten Paretopunkte aus Tab. 4.2

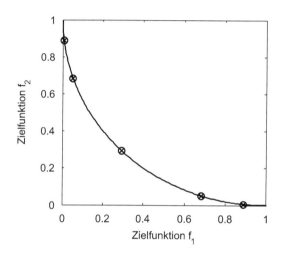

Tab. 4.2 zeigt eine Lösungsauswahl. Die Paretopunkte aus der Tabelle haben wir außerdem in Abb. 4.5 eingezeichnet. Zusätzlich wird hier die Paretomenge (Viertelkreis) gezeigt. Wir sehen, dass wir durch Variation der Gewichte, nach und nach eine gute Approximation an die Paretomenge erhalten.

Bemerkung 4.5

i) Ein großer Vorteil der Methode ist es, dass sie bei fast allen Problemen sehr einfach anzuwenden ist. Auch wenn das Problem nicht konvex ist und wir somit nicht die gesamte Paretomenge erhalten können, gibt die Methode trotzdem schnell einen guten ersten Überblick über die Paretomenge und die unterschiedlichen Lösungen.

ii) Betrachten wir Abb. 4.5, so erhalten wir durch Variation der Gewichte gleichmäßig verteilte Paretopunkte. Dieses ist leider nicht immer der Fall. Es kann vorkommen, dass sich die Paretopunkte an einem Ende der Paretomenge häu-

fen und nicht gleichmäßig verteilt sind, obwohl wir gleichmäßig die Gewichte wählen (vgl. Das und Dennis [7]).

iii) *Bei der Methode der gewichteten Summe addieren wir die unterschiedlich gewichteten Zielfunktionen. In der Praxis können diese Zielfunktionen ganz verschiedene Größen beschreiben, so vergleichen wir im Prinzip „Äpfel mit Birnen". Dieses ist besonders dann ein Problem, wenn die Zielfunktionen ganz unterschiedliche Wertebereiche besitzen. In diesem Fall sollten die Zielfunktionswerte normiert werden. Hierzu existieren eine Reihe von unterschiedlichen Ansätzen. Der einfachste Ansatz ist es, die Funktionen durch ihre maximal möglichen Funktionswerte zu teilen. In diesem Fall liegen alle Zielfunktionen im Bereich [0, 1] und sind somit vergleichbar.*

Was Sie aus diesem *essential* mitnehmen können

In dieser Einführung in die Mathematische Optimierung haben Sie...

- Anwendungsbeispiele aus der Praxis kennen gelernt und diese als mathematische Optimierungsprobleme mit und ohne Nebenbedingungen formuliert
- Optimalitätsbedingungen erster und zweiter Ordnung angewendet, um lokale und globale Minima zu bestimmen
- die geometrische Bedeutung der KKT-Bedingungen verstanden
- Beispiele für mehrkriterielle Optimierungsprobleme kennen gelernt
- die Bedeutung von Pareto-optimalen Lösungen und der Pareto-Menge verstanden
- die Pareto-Menge mithilfe der gewichteten Summe approximiert

© Springer Fachmedien Wiesbaden GmbH 2017
M. Pieper, *Mathematische Optimierung*, essentials,
DOI 10.1007/978-3-658-16975-6

Literatur

1. Cypionka, H. (2006). *Grundlagen der Mikrobiologie* (3. Aufl.). Berlin: Springer.
2. Heuser, H. (2008). *Lehrbuch der Analysis – Teil 2* (14. Aufl.). Wiesbaden: Vieweg+Teubner.
3. Werner, J. (1992). *Numerische Mathematik 2*. Wiesbaden: Vieweg Studium.
4. Forst, W., & Hoffmann, D. (2010). *Optimization – theory and practice* (2. Aufl.). New York: Springer.
5. Ehrgott, M. (2010). *Multicriteria optimization* (2. Aufl.). Berlin: Springer.
6. Miettinen, K. M. (1998). *Nonlinear multiopjective optimization*. New York: Kluwer & Springer.
7. Das, I., & Dennis, J. E. (1997). A closer look at drawbacks of minimizing weighted sums of objectives for Pareto set generation in multicriteria optimization problems. *Structural Optimization, 14*, 63–69.

© Springer Fachmedien Wiesbaden GmbH 2017
M. Pieper, *Mathematische Optimierung,* essentials,
DOI 10.1007/978-3-658-16975-6

Printed in the United States
By Bookmasters